從零開始

有機・無農藥

種菜研究室

本多勝治

瑞昇文化

前言

我在1942年出生於群馬縣沼田市。老家務農，從小時候起農田就是我的遊樂場。成為一名化工廠的技術人員後，雖然每天埋頭工作，但漸漸地愛上土地，開始了家庭菜園。退休後步上了蔬菜栽培的技術研究之道路。

農作物的栽培技術已經非常成熟，輪不到業餘愛好者置喙。然而，完全不使用農藥及化學肥料的有機栽培，我認為還有研究或改良的餘地。蔬菜們正在需求著什麼？那時候失敗的原因到底為何……。也許曾經是工程師的關係，我覺得思考這些問題非常有趣。作為閒暇興趣的蔬菜栽培，比起採收豐盛美味的蔬菜這種結果，那有苦有樂的過程更值得玩味。

本書中所介紹的技術，頂多是我在現階段想出的最佳方法，並非為結論。請列入當作參考之一，希望各位都能繼續享受研究有機栽培技術的樂趣。

CONTENTS 目錄

Column
提升採收量的小技巧

本多流 有機栽培的 **4** 大重點

1 廚餘、殘渣、落葉都是資源

越靈活運用生活智慧，就越能節約資材的花費。像是廚房中已經過期的麵粉或穀類，最適合用來製作伯卡西肥。每天都會有的廚餘或是採收後的蔬菜殘渣，只要發酵就能當作肥料循環利用。公園或行道樹的落葉，只要收集起來堆積就是優質的腐葉土。除了肥料之外，也可以蓋在畦上防止雜草叢生，成為調整保濕或保溫的覆蓋材料。

如果有過期的麵粉或麵包粉，一定要運用於農田。因為麵粉屬於酵母及乳酸菌喜愛的醣類，所以能製作成優良的伯卡西肥。

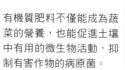

有機質肥料不僅能成為蔬菜的營養，也能促進土壤中有用的微生物活動，抑制有害作物的病原菌。

2 日常生活的垃圾是寶庫

塑膠等無法歸還至土地的日常生活垃圾也別輕易捨棄，可以活用於農田後再丟除，就能發揮出廢物利用的效果。也不用多花錢購買擁有相同機能的園藝專門用品。像是裝小菜或海鮮盒的塑膠袋，可以用來當做茄子的套袋，這樣就能採收到無損傷的蔬菜。而用來包裝報紙的塑膠袋，雖然當作袋子會容易破裂，不過只要加以扭轉就很耐扯，可當作固定支架的塑膠繩。只要多發揮創意，身邊的各種生活用品都是農田的寶庫。

生鮮食品用的塑膠袋。將兩角剪開當作透水孔後套住茄子，就能避免葉子摩擦造成的果實受損，栽培出美麗的茄子。

西瓜或南瓜的果實直接接觸土壤會容易腐爛，如果鋪一層納豆盒的蓋子就能預防。進行種子吸水、發芽等作業也很方便。

每次將衣服送洗時一定會附的金屬衣架，可以用老虎鉗剪掉，當作黑色覆蓋塑膠布的固定針。一個衣架可製作出三個。

因長期使用而使繩子劣化、斷裂，或是材質折損的竹簾，可以在蔬菜的生長期鋪在田間。可當作防止雜草的覆蓋材料，最後歸還土壤。

3 種植計畫應以茄科作物為主軸

在有限的面積中想栽種許多種類的蔬菜，同時也想避免連作障礙。在考量農地輪作計畫時，建議以容易出現連作障礙的茄科蔬菜為主軸。馬鈴薯、茄子、番茄、青椒等，這些人氣蔬菜不論是面積、栽培期都在農地中佔了很高的比率。首先規劃出避免連續栽種這些作物的輪作計畫。於這之間再搭配組合其他科的蔬菜栽培，就能減少失敗。於冬季期間規劃一整年的栽培計畫，於手帳或筆記本上以區域圖記錄下來。

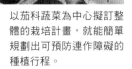

以茄科蔬菜為中心擬訂整體的栽培計畫，就能簡單規劃出可預防連作障礙的種植行程。

喜愛水的芋頭比起在大太陽底下，更適合半遮陰的環境。可於下一輪栽種適合同樣環境的薑。

梅雨季結束後農田總是會一片擁擠，可將時間與空間作為縱軸及橫軸，有效率地規劃出輪作計劃。

4 充分運用農田的空間

若想有效運用農田，除了播種、定植的時期及連作障礙計劃之外，下一作的省力化也要一併考量。像是豌豆栽種兩畦，並於畦間預留栽種南瓜的空間。等豌豆採收結束後，可將兩側的藤蔓倒向南瓜的苗株旁，就能成為兼具保溫、保濕及防雜草的天然覆蓋材料。像是小黃瓜跟蔓性四季豆的交互栽培、玉米的交錯栽培、紫蘇及大蔥的間隙栽培等，有許多避免農田出現閒置空間的方式。

南瓜的葉子逐漸延展至原本栽種豌豆的位置。直到南瓜植株大到一定的程度前，乾枯的豌豆藤蔓都能當作覆蓋材料保護南瓜苗。

關於本書中所使用的肥料

本書所使用的肥料基本上皆為自製的有機質肥料。希望讀者們也能試著自製肥料，不過想要立刻開始栽培的人，本書中也記載了換算成市售肥料的養分比例。必要的施肥料也會因為土質或前一作所栽培的蔬菜種類所影響，請當作參考即可。

腐葉土

完全腐熟的落葉堆肥。腐植質能提高土壤的通氣性及保水性，促進微生物的活動。肥料本身的效果雖少，不過在有機栽培中是非常重要的存在。

牛糞堆肥（發酵牛糞堆肥）

植物質（植物體殘質）豐富，具有適度的通氣性及保水性。肥料效果也比腐葉土還高。能緩慢發揮效用。

發酵雞糞

富含鈣、氮及磷。雖然具有速效性，不過要注意避免過量使用。可分為粉末及顆粒類型。顆粒類型使用起來比較方便。

伯卡西肥

在魚粉、油粕等各種有機物中，加入有益微生物資材等發酵促進劑，加以發酵、分解而來的肥料。具有適度的肥料效果及速效性。※製作方法請見P.86。

苦土石灰

含有鈣及鎂，可用來中和土壤酸度以及補充礦物質。

發酵雞糞液肥

將市售的發酵雞糞（粉末）溶於水製作的液肥。只要稀釋使用就能避免根部的肥燒，味道沒有油粕液肥明顯，管理起來較輕鬆。具有速效性，夏天也能兼用灌水使用。富含鈣質，因此可用來解決番茄的根腐病等病害。

【製作方法】
於2ℓ容量的寶特瓶中，放入200ｇ的發酵雞糞粉末，加水至8分滿後充分混勻。可立即使用。請務必稀釋3倍以上使用。

關於栽培歷

本書栽培歷適用一般平地，通用於日本東北南部地區、關東地區、近畿地區、中國地區（以上地區皆為高海拔地除外）。

第 1 章

果菜類

番茄、小黃瓜等食用果實的蔬菜，
以及毛豆、芝麻等食用種子的蔬菜。

選擇市售苗株減少風險
藉由遮雨管理增添顏色及風味

我盡量都會避免購買市售的苗株，奉行自己用種子育苗的主義。不過，栽培大顆品種的番茄時是例外。現在的大番茄有許多充滿魅力的品種，不過同時也不耐病蟲害，如果從種子開始栽培風險比較大。自己栽培的苗株失敗後，即使再匆忙地去園藝店購買，狀態好的苗株也所剩不多，因此建議一開始就使用市售的嫁接苗。嫁接苗使用的是耐病害的品種當作砧木，所以比較安心。品種主要是「桃太郎」（Takii種苗）系統。不僅栽培容易，而且顏色及風味的平衡度佳，也很適合蔬菜栽培的新手。使用有機質肥料，加上遮雨管理抑制水分量栽培而來的番茄，不僅風味十足顏色也非常鮮紅。

番茄

栽培計劃（一般地區）

███ 定植　███ 採收

| 1 | 2 | 3 | 4 | 5 | 6 | 7 | 8 | 9 | 10 | 11 | 12月 |

1 整地

每1㎡施撒苦土石灰100㎖及伯卡西肥400㎖。肥料基本上都要混入土中，如果混入的土層太淺會漸漸引起缺肥症狀，使果實不容易長大。因此建議在田畦中央挖出深度30㎝的溝，接著鋪上腐葉土，使植物根部在伸長的同時能持續吸收養分不間斷。每1m的深溝建議使用1.5kg的腐葉土當作溝肥。

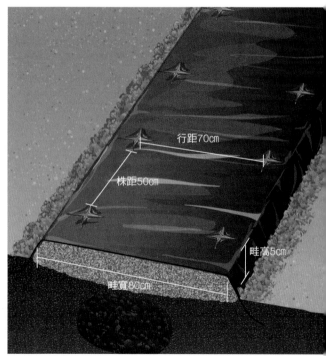

行距70cm

株距50cm

畦高5cm

畦寬80cm

2 定植

畦表面的地面溫度較高，所以植穴深度可以挖淺一點。

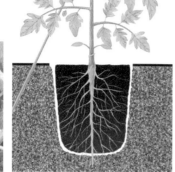

番茄不耐梅雨。為了在梅雨季前讓番茄確實伸展根系，活力生長，可在畦表面覆蓋一層黑色塑膠布。使地面溫度上升，加速初期生長。栽種前使苗株充分吸水，並且暫時性的支架固定，避免因為風吹而搖晃。

栽培密技！

促進根系發展的「倒伏栽培」

如果農地的空間足夠時，不妨試試「倒伏栽培法」。接觸地面的莖部也會開始發根，和一般的栽培方法比起來，根域比較能夠擴展，促進植株的生長勢。結出果實的段數也會因此而增加。

---

3 立支架及誘引

莖部開始伸長時，可架設合掌型的支架（P.17）。具有支撐番茄，讓植株整體照到陽光，促進通風的效果。莖部很快就會變粗，因此固定在支架上的誘引綁繩，建議綁成較寬鬆的8字結。

如果有遮雨設備更完美

進入梅雨季節後，番茄的病害風險就會立刻提高。另外，成熟的果實如果突然吸收到水分會容易裂開。這時候遮雨棚就很有幫助。於天花板部分覆蓋塑膠布，周圍則是用防蟲網圍住。

4 定植後的管理

不要放任側枝生長，也要適時疏葉。葉子多不代表光合作用越旺盛。

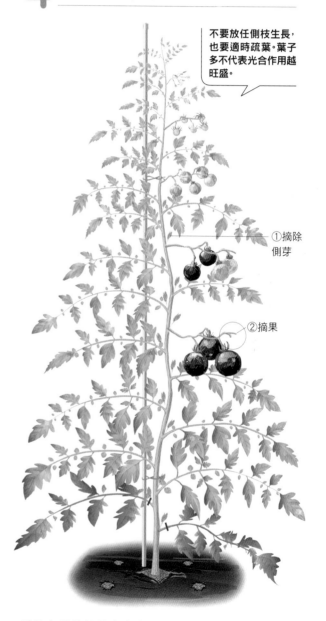

①摘除側芽

②摘果

番茄會從莖部長出許多側枝。若放任不管雖然會讓分出的枝條長出大量果實，但是同時也會互相爭奪養分。一看到側芽就要立刻摘除，栽培出一根主要枝條即可，不僅能促進通風也不容易出現病害。

❶ 摘除側芽

若發現從主枝及葉柄之間長出的側芽，應立即用手指摘除。另外，最開始長出的第一花房的花，也可以稍微吹氣或搖晃花朵，使花朵能確實授粉，也能促進之後的結果實狀態。

❷ 摘果

每一房會長出數顆果實，大番茄品種大約每房可結3顆果實。若長出4顆以上時，可將前端用剪刀剪掉，藉此保留營養，讓剩下的果實或下一段的花或果實使用。

❸ 觀察葉子狀態 施加追肥

葉子呈現淡綠色且稍微往內側捲起時，就是缺乏肥料的徵兆。於植株周圍挖出4個深20㎝的洞，並注入稀釋3倍的發酵雞糞液肥（P.8）。葉子呈現深綠色而且往外翻捲時，則代表肥料過多，不需施以追肥。

❹ 摘除多餘的葉子

有時就算只保留一條主枝，也會讓葉子過於茂密混雜。如此一來不僅會通風不良，也會成為病害的來源，重疊部分可將日照較差的那一側葉子摘除。枯乾的葉子或下方的黃色老化葉片也都要全部摘除。

5 採收

當植株長高到支架頂端時，可將下側的枝葉去除，解開綁繩，將莖部往下拉50㎝。

就算第1段的採收數量較少，只要保持植株到秋天為止的生長力，就能增加開花的段數，採收充足的果實。將伸長的莖部往下拉，使其橫躺於地面，就能從接地面發根，讓植株恢復生長勢，延長採收期。

最大的敵人是番茄夜蛾的幼蟲

番茄果實如果出現蛀洞，裡面絕對會有番茄夜蛾的幼蟲。無農藥栽培的時候，若想防止蟲害，可以在遮雨罩的外圍蓋上防蟲網。

栽培密 技!

扦插側芽 再採收一次

摘下來的側芽可當作扦插芽使用。盆內土澆濕後，將側芽插至3～5㎝深，並放置於日陰處管理，數天後就能發根。雖然會比春天栽培的苗株較慢長出果實，不過到秋天之前都能採收。

跟羅勒一起栽種

將不同科的植物栽種於附近，所釋放的物質能夠相互作用，防止病蟲害或是促進生長。茄科的番茄與唇形花科的羅勒，就是有名的組合範例，也很適合一起料理。

迷你番茄

保留 2 ～ 3 根主枝。就算放任生長
也能不斷結出果實，栽培簡單

迷你番茄的魅力，就是與大番茄品系相較之下較耐
病害，就算吸水也不易引起果實裂開的品種佔多
數。最近各式各樣顏色、形狀、風味及口感的品種
也越來越多。難處就在於生命力過強。原本果實就
很小了，若繼續放任側芽不斷長出，就會讓採收的
果實更小。只要保留一根主枝及兩根側枝（側
芽），整枝成三幹形，就能抑制果實數量過多，栽
培出大小均勻的果實。適當整枝也能提升果實風
味。支架與大番茄一樣都使用合掌式。枝條均勻誘
引至支架整體，讓整棵植株都能照到陽光。植株所
受到的風壓比大番茄還要強，應確實固定支架。

❶ 第一花房下方的 側芽可任其生長

肥料、株距等栽培條件與
大番茄相同。由於迷你番
茄耐病害的品種較多，所
以也可以從種子自己育苗
栽培。第一花房下方長出
的第一個側芽可保留。

❷ 再多保留 一個側芽

從下方長出的側芽中，選
出較健康的側芽當作第二
個側枝保留。

若肥料不足會讓風
味減少，栽培後期
可施以液肥維持生
長勢

❸ 除了保留的側 芽以外都摘除

從主枝條長出的側芽，以
及兩根側枝再長出的側芽
都盡量摘除。採收後期應
去除變黃的枝條，維持日
照及通風良好的狀態。

❹ 延伸至支架頂 端時應判斷該如 何處理

和大番茄一樣，可將伸長
的莖部往下拉，就能採收
至秋季。夏天過後落果的
情況會增加，因此也可以
自行判斷莖部伸長至支架
頂端時，該任其繼續生長
還是要整株拔除。

青椒

栽培計劃（一般地區）

| | | | | | | | | | | | 定植 | | 採收 |

| 1 | 2 | 3 | 4 | 5 | 6 | 7 | 8 | 9 | 10 | 11 | 12月 |

保留主枝及兩根側枝，持續密集採收至秋季

青椒是茄科作物中最容易栽培，也很容易豐收的蔬菜。雖然很適合新手栽培，不過仍要注意以下兩件事。

其一是要小心處理莖部。青椒的莖部非常脆弱，稍微用點力就很容易折斷。在進行管理作業時要多加注意，同時也要確實搭起支架保護莖部。另一個注意點就是缺肥。即使是新手栽培，青椒都能維持高著果率，不過植株也因此容易疲累，基肥與追肥都要確實施撒。

每株採收100個青椒。這是我每年的目標，只要遵守以上兩點就有可能達成。

1 整地

因為青椒的吸肥力很強，所以肥料可由立刻發揮作用及緩效型這兩種類型構成。首先於每1㎡施撒苦土石灰60㎖、牛糞堆肥1kg，以及伯卡西肥400㎖，混入整個田畦中。接著再於畦中央挖出寬30㎝×深30㎝的溝，於每1m的溝鋪上由腐葉土1.5kg、伯卡西肥200㎖混合而成的肥料，可成為緩效性的肥料。

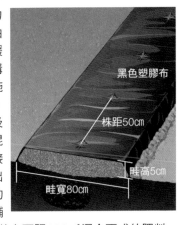

黑色塑膠布
株距50cm
畦高5cm
畦寬80cm

2 定植及立支架

因為收成量很大，所以即使4～5株就很足夠。自己育苗的話數量太少，因此可使用市售的苗株。定植並綁上暫時的支架後，可架設打洞的透明塑膠隧道，兼具防晚霜、保溫及防風作用。當植株長到隧道頂部時，可拆除隧道架設支柱誘引。

每株架設長度約210㎝的粗支架以及垂直架設。並於頂端再架設一根橫棒固定每根支架。支架兩端可用合掌式支架固定。

3 定植後的管理

摘除主枝長出的第1朵花，使營養能輸送至之後開的花。保留主枝以及從第1朵花附近長出的2根側芽共3根，莖部生長至可綁繩的粗度後，即可誘引至支柱上。之後長出的側芽都要摘除，維持3根枝條的狀態。8月過後可用發酵雞糞液肥（P.8）的5倍稀釋液，以每2週一次的程度，每棵植株施1ℓ的追肥。

❷ 採收的同時修剪枝條

三根主幹會陸續地長出側芽（枝條），採收1～2顆果實後即可剪下枝條。沒有著果的枝條也應儘早修剪。可藉此促進日照及通風，預防植株疲軟和椿象等病蟲害。

❸ 乾旱對策及追加支架

雖然黑色塑膠布也有防止乾燥的作用，不過炎夏的地面溫度會過高，建議再覆蓋一層稻草或割下來的雜草等。颱風來臨前也要記得追加支架。於枝條分岔處斜插2根支架，誘引側枝。若使用的支架材質為竹子時，過於老舊容易折斷，建議使用新的竹子。

使主枝（1）及第1朵花附近（2），以及下方（3）共3根枝條生長。

3　1　2

摘除第1朵花

如果缺水會讓果實變皺。這時候別猶豫，應馬上灌水

4 採收

雖然也會因品種而異，不過青椒過熟會讓表皮變硬，大約生長至長6cm時即可採收。太晚採收的果實也可以放任生長，採收甜味強烈的紅色青椒。若夏天極為乾燥時，可以偶爾於植株基部施灑液兼具灌水作用的液肥（發酵雞糞液肥的5倍稀釋液）。

❶ 摘除側芽

保留從第1朵花下方長出的2個側芽，之後的側芽全都摘除。使其生長成1根主枝（1）、2根側枝（2、3）的三幹整枝形態。將開花的第1朵花摘除。如果植株在弱小的狀態結果實，會讓養分被果實吸收，使整體的生長變得緩慢。

也可以種看看獅子唐辣椒

獅子唐辣椒是非常類似青椒的品種，栽培方法也幾乎相同。在青椒田畦的一端栽種幾株，就能為料理增添變化。和青椒一樣可以用市售苗簡單栽培。如果想採種的話，可任其生長至果實成熟至紅色為止。轉紅的獅子唐辣椒也非常甜且顏色鮮豔，可以為料理點綴色彩。

三幹整枝維持良好的日照
目標每株採收 100 根茄子

茄子在果菜類當中採收期最長，從梅雨結束至晚秋都能持續採收。然而，如果風味不足，家人也會吃膩。美味的關鍵就在於大量施肥及澆水，讓果實快速長大。雖然也會因品種而異，不過大多能培育出口感滑順或是柔軟的果實。家庭菜園經常會實施更新修剪，但我不會這麼做。因為如果為了讓栽培後期能確實採收而剪去主要枝條，會將近一個月都無法採收，我認為有點浪費。只要注意施肥方式，就能讓植株維持良好狀態不疲軟。每年的目標是每棵植株能採收100個以上的茄子。如果能順利採收，每一個家庭只要栽種4棵就很足夠。

茄子

栽培計劃（一般地區）　　　■定植　　■採收

| 1 | 2 | 3 | 4 | 5 | 6 | 7 | 8 | 9 | 10 | 11 | 12月 |

1 整地

茄子的根系比較深。在伸長的同時如果能夠持續吸收到養分，採收途中就較不易引起植株疲軟，能長期穩定採收。此方法就是在植株的正下方深處，放入基肥的植穴底部施肥。

可於植穴中間插一根棒子當作記號

挖株距70cm，直徑40cm×深40cm的植穴，於每個植穴放入腐葉土7.5kg，及伯卡西肥800㎖，再放入挖出的土約10cm高並加以混合。

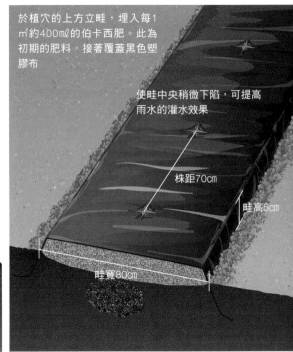

於植穴的上方立畦，埋入每1㎡約400㎖的伯卡西肥。此為初期的肥料。接著覆蓋黑色塑膠布

使畦中央稍微下陷，可提高雨水的灌水效果

株距70cm

畦高5cm

畦寬80cm

2 定植

日本市售的幼苗開始販售的時期，對於原產於亞熱帶的茄子還太寒冷，所以必須要做好防寒措施。可用塑膠隧道棚包覆畦田，加以保溫。

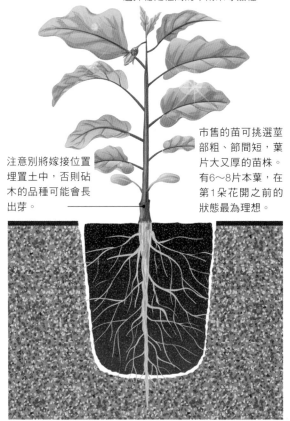

將耐病害的品種當作砧木的嫁接幼苗，栽培起來較容易。一開始建議選擇穩定性高的千兩系等品種。

注意別將嫁接位置埋置土中，否則砧木的品種可能會長出芽。

市售的苗可挑選莖部粗、節間短，葉片大又厚的苗株。有6～8片本葉，在第1朵花開之前的狀態最為理想。

因為黑色塑膠布的效果，地面溫度越接近地面就越高。溫度越高就能提升根系的存活率，所以植穴可以挖淺一點（約10cm）。

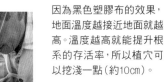

定植後架設暫時的支架，用繩子綁8字結（上）。將發酵雞糞液肥（P.8）的10倍稀釋液，於每棵苗株施100mℓ，再用有打透氣孔的透明塑膠布，搭起隧道棚（右）。

3 立支架及誘引

定植的半個月後就不必再擔心低溫障礙，因此可拆除隧道棚，設立支架。茄子基本上都是3幹整枝栽培，但我不是採用放射狀的3幹，而是與田畦平行誘引。能促進通風，減少病蟲害的發生。

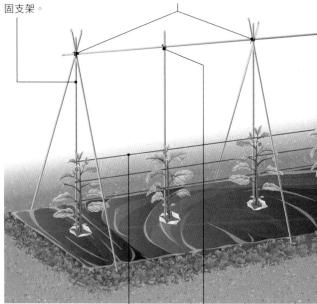

每棵植株垂直架設1根粗支架（210cm）。可插至30cm深，用以穩固支架。

於畦的兩端及中間立支架補強，構成合掌形。

架設與田畦平行的棒子或堅固的3根繩子，將主枝及側枝誘引至此處

於交叉部分橫放一根粗支架，並於各交叉部分用繩子固定

於主枝旁立支架（❶）。留下的2根側枝可誘引至橫棒（繩子）的兩側（❷❸）。讓葉片往橫向伸展，能有效率地照到陽光。

4 定植後的管理

以水平方式整枝成3幹形態，使葉片往水平面延展。能減少多餘的葉片，促進光合作用的效率，也能提升透氣性，減少病蟲害的發生。此外，因為透風性佳，所以也有不易受到強風危害的優點。

❺ 於頂端摘芯

所有生長至支架頂端的枝條都進行摘芯。讓新的枝條伸長至便於作業的高度。

橫棒

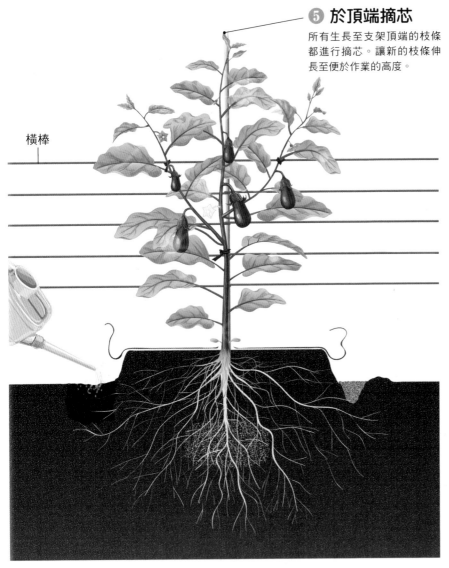

❶ 摘除第 1 朵花

如果在植株長大前結果實，會讓整體的生長變慢，所以要去除第1朵花。

❷ 摘除側芽

2根側枝從可從第1朵花下方長出的側芽當中，選擇較有活力的2個側芽保留，其他側芽都要摘除。

❸ 支撐三幹

將主枝以及側枝誘引至橫棒（繩子），再利用繩子綁起固定。橫棒可根據植株的生長狀況逐漸往上加，最多可加至6段程度。

❹ 整理枝葉

觀察新枝條的生長空間，並同時均衡地誘引至橫棒（繩子）。如果枝葉太過於混雜，可將老舊的枝葉和重疊部分切除整理。

到了8月中左右植株會長高至超越身高，但是高度過高不便於作業，因此剪下頂端。

開始採收後以2週1次的頻率,於每棵植株施以50㎖發酵雞糞液肥3倍稀釋液。當每植株可收成超過20個時,可掀起塑膠布,於植株兩側30㎝處挖一條5㎝的溝。並施灌每株50㎖的伯卡西肥,再覆蓋土壤,蓋回黑色塑膠布。

當花朵中央的雌蕊倒向雄蕊時,就是肥料不夠的徵兆。應立刻施加追肥。

5 採收

只要施以充足的基肥、在適當的時機點追肥,以及持續整理多餘的枝葉,就能不斷地採收果實直到霜降時期。另一個要注意的重點就是要儘早採收。如果太晚採收會讓果實風味減少,使營養輸送至其他的果實。

栽培密技!
做好秋季茄子採收期的乾旱對策

雖然茄子是容易結果實的蔬菜,不過如果水分及養分供給不足時,果實就無法長大,甚至變形或組織過於密集讓口感過硬。為了有效確保水分充足,可在沒有黑色塑膠布覆蓋的地方,鋪上竹片等防止水分蒸散。於黑色塑膠布上方覆蓋稻草,也能避免地面溫度過高,抑制畦內部的水分蒸散。

栽培密技!
栽培出美麗果實的秘訣「趁果實還小的時候套袋」

茄子會因為葉子與果實受到風吹摩擦,而讓果實容易受傷。受傷部分會形成乾硬的結痂,使口感變差。為防止此狀況,可於較薄的塑膠袋底部及兩側剪出排水用的洞,趁果實還小時進行套袋,再用繩子綁住。如此一來就算強風吹拂也不會受傷,採收外觀美麗的果實。

**重點在於不造成根系負擔的
整土方式及誘引至兩側的網子**

在晨霧微微的農田啃一口清脆的小黃瓜,可說是農夫的特權。口感跟水嫩度是買來的小黃瓜無法比擬的。用有機質肥料栽培風味更佳。在5月底左右就能初次採收,栽培順利的話過了8月中的盂蘭盆節,每天都會長出果實。在高峰期甚至每天早上跟傍晚各採收一次。不過如果水分缺乏時,會讓果實變形。長期下雨使日照缺乏時,則是會讓病蟲害瞬間蔓延。首要重點就是配合根系生長的整土。小黃瓜的根系會向淺層延展,所以不需要太深,反而盡量要大面積仔細耕土,均勻拌入肥料。有機質肥料有促進土壤形成團粒化,維持透氣性、保水性及保肥力的作用。

小黃瓜

栽培計劃（一般地區）　　　　■定植　　■採收

1	2	3	4	5	6	7	8	9	10	11	12月

1 整地

於預計定植的位置往下挖掘30cm,翻攪上層與下層的土壤,讓前一作剩餘的肥料能均勻分佈。小黃瓜的根系會往淺層延展,所以要將肥料平均分散至畦的淺層。定植2週前將每1㎡約60mℓ的苦土石灰、2kg的牛糞堆肥拌入深20cm的土中,於定植前1週拌入每1㎡約600mℓ的伯卡西肥。使用多種肥料,能讓植株從初期至晚期都有充足的養分。

株距70cm

畦高5cm

畦寬1m

2 定植

市售幼苗的根系呈現於纏繞在軟盆內的狀態。由於養分幾乎都被吸收殆盡,如果在定植的同時施予液肥,就能提升存活率,促進之後的根系伸展。

❶ 定植前讓幼苗吸收水分

挑選有3~4片本葉,葉片活力舒展的幼苗。盡量避開下側葉片黃化的幼苗。定植前可以事先讓幼苗吸飽充足的水分。

❷ 定植於淺層土壤後立支架

黑色塑膠布的效果是,越接近地面其地表溫度也越高,所以植穴的深度大約挖出5cm的淺穴即可。搭暫時的支架,用繩子以8字結固定。

❸ 施灑發酵雞糞液肥促進存活率

將10倍稀釋的發酵雞糞液肥(P.8),以每株100㎖的量注入植穴中,促進存活率及初期生長。

❹ 初期要做好保溫措施

做好保溫措施以防止晚霜及風害。可用帶孔洞的透明塑膠布搭起隧道棚,如果植株數量多的話,推薦使用透明保溫罩。

3 立支架

小黃瓜的主枝條筆直生長,而從節間長出的螺旋狀捲鬚,則是會纏繞周圍往上延伸。讓這些捲鬚附著生長的資材就是園藝網子。架設在堅固的合掌形支架上,並注意不要過鬆,將親蔓及子蔓誘引至整個網面。

將支架搭成合掌形。推薦支架長度為210㎝的類型。如果是市售樹脂包覆的支架,建議選擇直徑最大的款式。

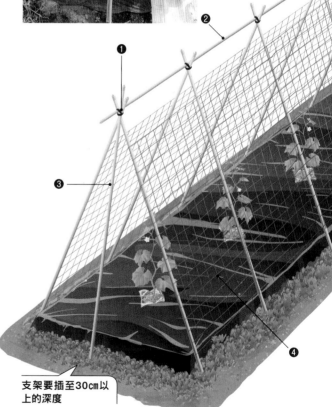

支架要插至30㎝以上的深度

❶合掌的交錯位置盡量靠近頂端。以等間隔架設,讓植株的兩端能生長至支架。將支架往深處插,就算結滿果實也能承受重量或風壓

❷合掌的交錯部分,放上一根同樣粗細度的橫棒,再用繩子確實固定

❸於田畦的前後斜插一根加強用的支架

❹於兩面鋪上園藝用的網子,注意不要太鬆

4 定植後的管理

小黃瓜的整枝方法有許多，像是親蔓單幹整枝法、親蔓及子蔓的三幹整枝法等，不過我在架設合掌式的攀網後，就幾乎是任其生長。將親蔓及子蔓往上誘引，之後長出的孫蔓也隨時誘導至空出的位置。

❶ 保留側芽

若摘除側芽（子蔓）容易減弱生長勢，長出來的側芽基本上可放任生長，只要去除掉生長衰弱的枝蔓就可以。

❷ 誘引枝蔓

將親蔓及子蔓均勻誘引至兩側的網面，逐漸填補網面空出的位置，必要時可用繩子固定。盡量將枝蔓往外側生長，以方便採收。

❸ 摘除下側葉片，趁早去除初果

為預防病蟲害，應摘除植株基部附近的枯黃老葉，以確保通風良好。於親蔓長出的第一個果實（初果）應趁早摘除，讓養分能運輸至整棵植株。

❹ 放任孫蔓生長

在固定生長至合掌支架頂端的親蔓及子蔓時，為了預備之後的下拉枝蔓，固定繩子時建議綁鬆一點。從子蔓長出的孫蔓可放任生長。

葉片的顏色呈現斑點狀

無農藥栽培的小黃瓜很容易會出現病害。照片是會讓葉片呈現斑點狀的黃化鑲嵌病。栽培時要避免過於緊密，並且注意通風，就算發生病害大多屬於輕症。照片中的植株也沒有蔓延危害。

5 採收

小黃瓜果實的生長速度非常快，如果太晚採收甚至會長成絲瓜的大小。若保留過熟的果實生長，會讓養分運用至種子生長，使植株提早老化。想要長期採收，在可食用的階段就應該要儘早採收。

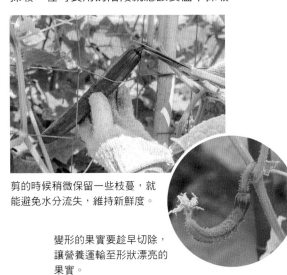

剪的時候稍微保留一些枝蔓，就能避免水分流失，維持新鮮度。

變形的果實要趁早切除，讓營養運輸至形狀漂亮的果實。

栽培密技！

長期採收的秘訣「下拉枝蔓」

當枝蔓伸長至支架頂端時可將繩子解開，把枝蔓的前端從網子分離，並注意不要弄傷枝蔓，接著往下拉50㎝重新固定於網子。這個50㎝可成為新的枝蔓延伸的空間。雖然植株會暫時失去活力，不過只要2～3天後即可恢復。

栽培密技！

小黃瓜⇔四季豆的接力栽培

立支架鋪設網子的作業需要人力及時間。如果小黃瓜種完就拆除未免有點浪費。因此建議後一作栽種蔓性四季豆。同時也能有效活用殘留於土壤中的肥料。反之也可以在四季豆之後栽培小黃瓜。

於小黃瓜之後栽培蔓性四季豆。支架及網子可直接使用。

如果是在蔓性四季豆的後作栽培小黃瓜時，由於天氣還很熱，建議鋪上遮光網布緩和日曬，避免幼苗的葉片曬傷。

苦瓜

栽培計劃（一般地區）　　■定植　■採收

| 1 | 2 | 3 | 4 | 5 | 6 | 7 | 8 | 9 | 10 | 11 | 12月 |

使用紫藤棚式支架，到初秋為止都能持續採收豐碩的果實

苦瓜作為全日本最長壽的地區──沖繩的活力來源，而為人所知至今約30餘年。如今已經成為夏季蔬菜的代表。苦瓜的維他命C含量是番茄的5倍。獨特的苦味成分也具有提升免疫力的效果。我也會每年栽培，當作消暑氣的活力蔬菜，用來炒菜或是榨蔬果汁喝。具有野味特性的蔬菜非常耐熱，也很少發生病蟲害，不過如果肥料不足，枝蔓及葉片就會無法伸展，進而影響到結果數量及果實的生長。同時也會讓植株的壽命減短。豐收期是在夏天最炎熱的時期。只要讓枝條攀爬於紫藤棚架式的支架內側，就能變成遮陰，成為田間涼風徐徐的小小綠洲。

1 整地

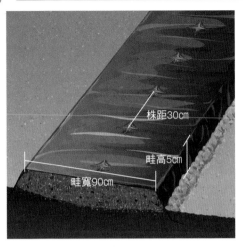

株距30cm
畦高5cm
畦寬90cm

於定植一週前全面施撒基肥並充分混合。每1㎡放入70㎖的苦土石灰、2.5kg的腐葉土、200㎖的伯卡西肥。將鋪設黑色塑膠布的畦中央稍微往下陷，只要一點雨水也能匯流於植穴，自動給水。

2 定植

30cm的株距也許會覺得有點窄，但是苦瓜比較耐密集栽種。如果只種1排的話，根部會往畦的橫向發展，同時也會往下生長，並且往畦的外側延伸，所以不會太擁擠。

不需要急著定植。到了可以穿短袖的時期再定植即可

雖然本葉長出4～5片為適合定植的時期，不過比起幼苗的大小，氣溫更重要。當氣溫剛超過25℃就是定植的好時機。

為促進存活率，可於每個植穴倒入6倍稀釋的發酵雞糞液肥（P.8），每棵植株約注入200㎖。

紫藤棚架式支架

※畦寬90cm×畦長2m的情況下

①支架選擇直徑2cm、有樹脂包覆的類型，長210cm的支架需要16根，150cm需要4根。

②於畦的外圍先用鐵鍬或鐵棒垂直挖出深30～40cm的洞，接著插入6～8根支架。

③於上段橫放支架，再用繩子確實固定。150cm的支架使用於短邊的橫棒。

④於畦的兩端用交叉方式斜插支架，加強橫向搖晃的耐受度。

⑤於其中三面鋪上園藝網，注意不要過鬆。留一面當作出入口。

3 摘芯

和親蔓相較之下，苦瓜的子蔓較容易結果實。當本葉長出6～7片時，可將親蔓進行摘芯，就能長出許多子蔓。從長出的子蔓當中，選擇生長位置較上方且有活力的2根子蔓。要注意如果放任太多子蔓生長，雖然會結許多果實，但卻無法長大。

在親蔓長出6～7片本葉時摘芯

盡量讓上方的2根子蔓繼續生長

將欲保留以外的子蔓（側芽）摘除。促進植株基部的通風

左側較長的部分為親蔓。用剪刀剪下後，子蔓就能由此長出。

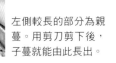

4 立支架及誘引

當捲鬚伸長至網子後枝蔓會自己往上生長。

雖然也可以用像小黃瓜一樣的合掌式支架，不過我是採用能兼作夏日遮陽的紫藤棚架式支柱。搭成箱型能讓葉片茂密生長，大面積行光合作用。也比合掌式更耐風，成為炎日下的休息場所。

5 採收

雖然苦瓜不論哪種大小都能食用，但應在口感及苦味均衡的程度大小採收。大小雖然會根據品種而異，不過可藉由顏色、光澤及觸感來判斷。帶有亮綠色光澤，用手握的時候能感到緊實的密度就能吃了。過熟會帶有黃色，苦味減少。

成熟的果實中，包覆種子的果凍狀果肉非常甜，可食用。可兼用採種有效地利用。

謹守每條枝蔓長 1～2 個果實，就能採收 10 kg 級的超大西瓜

西瓜原產地是南非的喀拉哈里沙漠。就算同樣高溫，但是空氣、土壤及潮濕的日本夏季對於西瓜而言都是極為不同的風土氣候。西瓜也許是蔬菜栽培當中最神經質的作物。雖然栽培本身並不難，不過卻會受到當年春至夏季的氣候影響。西瓜有小顆及大顆品種之分。小顆西瓜較容易栽培，不過大顆西瓜比較有採收的成就感。我每年的目標是種出一顆超過10kg的大西瓜。甜度絕對可比擬甚至超過市售的西瓜。每一棵植株目標最多收成6顆西瓜。實現的秘訣就是讓肥料能充分於土壤發揮效用、追肥以及葉片枝蔓的管理。生長初期的溫度及防雨對策也非常重要。挑戰性高的作物若能順利採收，想必能感受到加倍的喜悅。

西瓜

栽培計劃（一般地區） ■ 定植　■ 採收

1	2	3	4	5	6	7	8	9	10	11	12月

1 整地

西瓜適合生長在水分較少的環境，因此一開始若水分太多會讓根系無法伸長，使生長變得緩慢。雖然西瓜最怕缺肥，但肥料過多也容易只長出茂密的葉片而無法開花，建議由穴肥（基肥）及全面施肥這兩段構成，以階段性發揮作用。

❶ 於定植2週前，在預計栽種幼苗的位置，挖出深30cm、直徑30cm的植穴，株距1m。每個植穴放入50㎖的苦土石灰、3kg的腐葉土，以及100㎖的伯卡西肥並充分混勻。接著再覆蓋10cm以上的土。

於中央插一根棒子，植穴位置一目了然

❷ 於定植1週前，整出以兩個植穴為中心的田畦，全面施撒每1㎡約50㎖的苦土石灰、3kg的腐葉土及400㎖的伯卡西肥，接著鋪上黑色塑膠布。

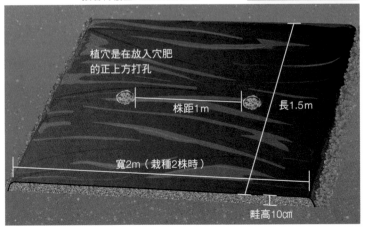

植穴是在放入穴肥的正上方打孔

株距1m

長1.5m

寬2m（栽種2株時）

畦高10cm

2 定植

雖然有許多從種子開始栽培的特色品種,不過西瓜的育苗對於家庭菜園而言難度有點高。市售的嫁接苗比較健康且容易栽培,能栽培出美味的西瓜。

選擇長出4片本葉、葉片顏色漂亮的幼苗。已長出捲蔓的幼苗稍嫌老化。

定植前可將黑軟盆苗放在裝水的水桶中,讓整個根系充分吸水。

為了促進根部的存活率,可在定植後於每株幼苗倒入100㎖的發酵雞糞液肥5倍稀釋液。

從缽盆拔出來的時候,不要將根系鬆開,保持完整的盤根狀態即可。

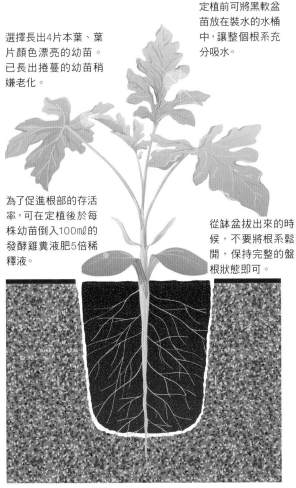

喜好高溫的西瓜在生長初期時,如果氣溫太低會造成生長大幅延後。應定植於較淺的位置,讓根系能獲得黑色塑膠度的保溫效果。

隧道棚的透明塑膠布,即使不是新的也沒關係。只要有先打洞,確保透氣性即可。也要注意溫度不要上升過高。

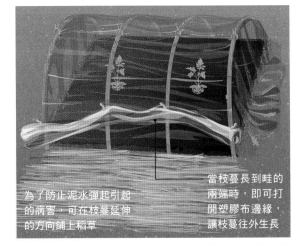

為了防止泥水彈起引起的病害,可在枝蔓延伸的方向鋪上稻草

當枝蔓長到畦的兩端時,即可打開塑膠布邊緣,讓枝蔓往外生長

西瓜栽培的難題就是梅雨。不但會減少西瓜喜好的日照,當濕度上升也會容易引起病害。若植株在進入梅雨季前已生長至某個程度,多少能跨越這個難關。因此不可或缺的就是兼用初期保溫及防雨的隧道式塑膠布棚架。

在隧道式塑膠布棚架裡面,可藉由日照打造出高溫環境。為避免新芽碰到黑色塑膠布時出現芽燒情況,可插入一根長約30㎝的支架,用繩子固定莖部支撐。

切開一條追肥用的開縫

在架設隧道式的透明塑膠布棚架前,於距離植株30㎝左右的位置(南側)的黑色塑膠布劃開一條切口,當作之後的追肥施撒位置。當枝蔓及葉片生長茂盛時,會難以進行此項作業,所以建議在定植的時候先劃開。當枝蔓生長至50～60㎝時,可於黑色塑膠布的切口挖出深5㎝的溝,於每一株施撒200㎖的伯卡西肥再覆土。

3 定植後的管理

如果放任枝蔓生長，只會不斷增加著果數，讓營養無法充分運輸至每個果實，產生兩敗俱傷的現象。食用成熟果實的西瓜，控制著果數量為栽培管理的基本。我的作法是保留1根親蔓及2根子蔓的三幹整枝栽培。重點是要讓3根枝蔓均勻生長。

❶ 摘除枝蔓

當子蔓長出3～4根時，可將活力較弱的子蔓摘除，留下1根親蔓及2根子蔓。

子蔓

第2果 　第7節

初果

初果

第7節

第2果

第3果

親蔓

初果

第2果

第7節

子蔓

由親蔓、子蔓長出的孫蔓基本上可放任生長。葉片重疊的部分應適當修剪整理，讓葉片都能充分照到陽光

❷ 雌花開之後進行人工授粉

於每根枝條第7節之後開的花至第3朵花，可進行人工授粉使其著果。於第7節之前開的花較難以栽培出高品質的果實，所以可以摘除。

雌花　　　　　雄花

花朵下側有子房的是雌花，沒有子房的是雄花。摘下雄花，輕輕觸碰雌花中間的雌蕊。授粉作業建議在早上的8～9點進行。

❸ 採收到第 2 ～ 3 果

仔細栽培每根枝蔓結的初果。如果第2果也能順利採收的話，那年可說是豐收年，不過根據不同條件，有時甚至能採收到第3果。

栽培密技！

於開花位置搭設遮雨棚

在開始開花的時期，可於花的上方另外搭設遮雨棚（照片左邊），因為花淋到雨會無法順利授粉。兼用生長初期保溫作用的隧道棚，也可以繼續當作遮雨棚架直到梅雨季結束。維持西瓜喜好的乾燥環境，同時也能防止雨水造成的肥料流失。

瞄準目標悉心栽培

重點有2個，其一是正確掌握著果。可以在果實旁邊插一根棒子，並掛上標有著果日（人工授粉日）的標籤。另一個重點是細心守護這個果實。為了預防烏鴉或是其他動物的危害，在採收2週前拆除遮雨棚之後，可替換成網子覆蓋。果實如果直接接觸地面容易腐爛，建議放在籃子狀的台架上，偶爾改變西瓜的方向。

配合果實的生長進行追肥

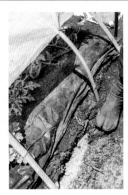

隨著根系的生長，追肥的位置也會改變。第2次追肥是在每根枝蔓的初果，生長成高爾夫球大小時進行。於田畦的後側及伸長至隧道棚外側的枝蔓前端，挖出深約5cm的溝，於每棵植株施撒200mℓ的伯卡西肥。當果實生長至壘球大小時，進行第3次追肥（方法與第2次一樣）。第3次追肥是為西瓜帶來甜味的關鍵。

4 採收

說到西瓜收成的時機點，有名的方法就是用敲打的聲音來判斷。不過聲響會隨著西瓜的大小而改變，再加上判斷理想的聲音本身就有難度。我主要是用著果日開始的天數來判斷。大顆品種的西瓜，每根枝蔓的初果約為40天，而第2果大約30～35天就可以採收。

最接近果實的捲鬚枯萎成褐色時，就是完全成熟的跡象。

東方甜瓜

栽培計劃（一般地區） ■播種 ■採收

1	2	3	4	5	6	7	8	9	10	11	12月

在高溫下促進初期生長，就能放任栽培不斷採收

和同樣是葫蘆科的西瓜及哈密瓜相較之下，東方甜瓜更耐病蟲害且栽培容易。吃不膩的甜味也是東方甜瓜的魅力。雖然放任栽培幾乎不會有什麼問題，但基本條件有以下三個。首先，定植應選在排水良好、日照充足的場所。幼苗時期應充分保溫，避免寒冷。以及事先於土壤加入充足的肥料。只要遵守以上事項，進入夏日就能迅速生長，之後只要調整枝蔓的位置即可。原本東方甜瓜的果實就不大，就算不摘芯或摘果，到第3果都能長出漂亮的果實，甜味也十分足夠。東方甜瓜有許多形狀及顏色特殊的品種，因此栽培不同品種比較也很有趣。

1 整地

在播種前應讓地面溫度充分提高。可於立畦的一週前事先鋪上黑色塑膠布。肥料於每1㎡放入100㎖的苦土石灰、3kg的腐葉土、300㎖的伯卡西肥，施撒於整片土壤並充分混勻。

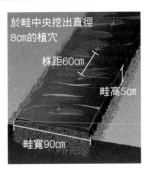

於畦中央挖出直徑8cm的植穴
株距60cm
畦高5cm
畦寬90cm

2 播種

①播種前可先將種子放入裝水的淺盤中，吸水兩天兩夜以促進發芽。於黑色塑膠布的植穴，用底部圓形的空容器壓出1cm深的凹陷。

②於每個植穴播種3顆種子。覆土後充分澆水。可用花灑澆水器溫和灑水，避免種子浮起。

③如果有稻殼的話，可於播種後的植穴表面覆蓋1cm左右的厚度。兼具保溫及防止土壤乾燥的作用。

一開始就做好保溫能讓種子更容易發芽，順利度過生長初期。之後的保溫也要持續一段期間。家庭菜園推薦使用方便的保溫罩。照片內裝水的寶特瓶，是用來壓住在黑色塑膠布，使塑膠布能跟土壤貼合的作用。如果塑膠布浮起來，地面溫度就不易上升。※重複利用洋蔥採收後的5洞式黑色塑膠布（參考右頁「栽培密技！」專欄）。

3 定植後的管理

可栽培3條畦並且「錯開時期播種」，就能長期採收

只要施撒足夠的基肥就能放任生長，不過如果枝蔓太多的話，於採收後期養分也有可能被吸收殆盡。為了能持續採收甜度十足的果實，當最初的果實長到大拇指的大小時，可施撒發酵雞糞液肥（P.8）當作追肥。稀釋至3～4倍後，於每棵植株施撒2ℓ，由畦的兩側灌入。

當本葉長出4～5片時，可保留1根較有活力的枝蔓，其餘摘除。如果用手摘除容易傷害到植株的根部，建議用剪刀從植株基部剪下。

當葉子長滿保溫罩即可取下，接著搭起隧道式防蟲網用以防治黃守瓜。當枝蔓伸長至防蟲網外時，可打開防蟲網的邊緣，使其繼續往外生長。畦與畦之間鋪上稻殼，能防止雜草及減少乾燥。

栽培密技!

洋蔥和東方甜瓜的接力栽培

洋蔥採收後的田畦能直接運用於東方甜瓜的栽培。由於洋蔥的栽培需要較多的肥料量，所以土壤的殘肥多，於同樣位置栽培吸肥性高的東方甜瓜，就能避免浪費吸收養分。黑色塑膠布也能直接使用不需拆除。

依序採收洋蔥後，將中間那列的塑膠布洞當作東方甜瓜的植穴使用。

塑膠布洞放入肥料（每個洞放100㎖腐葉土，100㎖伯卡西肥），插入支架後將肥料與土壤混勻。

4 果實的保護

雖然著果率高但果皮較薄，所以如果是連續下雨的天氣，接觸地面那側容易因為濕氣而受傷，蟲子趁虛而入讓腐爛變得更嚴重。應趁幼果時，分別在果實下方鋪一層「坐墊」，防止與土壤的接觸。

納豆盒的蓋子大小最適合用來當坐墊。可以鑿幾個孔來當作排水孔。

放任栽培會讓枝蔓逐漸延展。隧道棚功成身退後，可將網子以垂直狀架在不希望枝蔓繼續延伸的位置。往上攀爬生長的枝蔓，可將其轉繞至另一側。

5 採收

採收適期大約是授粉後的40天。從成熟的果實開始依序採收。就算追熟也不會再變甜，所以嚴禁過早採收。耐心等待直到蒂頭部分變黃，拿起果實的時候枝蔓會自然脫落的狀態為止。香甜的氣味也是判斷的依據之一。

甜美多汁。是炎炎夏日的消暑美味。

比起數量更重視風味
「一枝蔓一果」的奢侈栽培法

南瓜過去曾是救荒作物代名詞，不過如今美味的品種已經豐富到栽培時的選種也令人難以抉擇。我主要栽培的品種是選擇口感鬆軟的西洋南瓜，為了能享受不同的味道，也會種一些口感濕潤的日本南瓜。但不論是哪個品種，只要做好初期保溫及幼苗期的黃守瓜害蟲對策，就算放任生長也能長出果實。不過，最好別認為南瓜是種採收量大的作物。只要採收1個就能吃一段時間，所以不需要追求數量。若光想著豐收，反而會讓營養分散，風味大減。我所實踐的方法是每根枝蔓只長1棵南瓜的奢侈栽培。此方法可栽培出味道比擬專業農家的美味南瓜。

南瓜

栽培計劃（一般地區）　　　■定植　　■採收

1	2	3	4	5	6	7	8	9	10	11	12月

1 整地

南瓜的根系吸肥力強，在生長前半段如果肥料太多，會栽培出只生長茂密葉片，而不會開花的枝蔓。可藉由速效性肥料及緩效性肥料加以組合，調整生長。速效性高的伯卡西肥應減量。將數種不同肥料事先混合再拌入土壤，能避免效果分散不均。

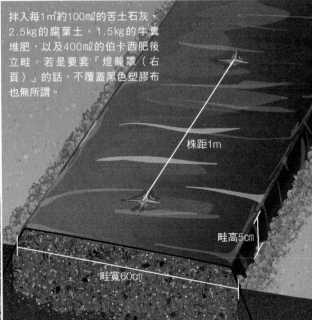

拌入每1㎡約100㎖的苦土石灰、2.5kg的腐葉土、1.5kg的牛糞堆肥，以及400㎖的伯卡西肥後立畦。若是要套「燈籠罩（右頁）」的話，不覆蓋黑色塑膠布也無所謂。

株距1m

畦高5㎝

畦寬60㎝

2 定植

拉出充分的株距，做好保溫

南瓜幼苗不耐寒冷，若擔心晚霜應等到天氣回暖時再定植。定植後可於每株施撒200㎖的發酵雞糞液肥（P.8），以促進存活率。發根後植株會逐漸往橫向延展，所以株距要充足。如果有稻殼的話，可以鋪約5㎝厚的稻殼，為根部保溫及防止乾燥。

用肥料袋來保溫非常方便

於幼苗周圍架設4根支架，將肥料袋（透明或白色）底部剪開套上支架。兼具擋風及保溫作用。此為「燈籠罩」保溫法，同時具有減少黃守瓜啃食葉片的作用。將袋子撐緊，並且用洗衣夾固定以避免下滑。

栽培密技！

南瓜的育苗很簡單！

1 種子先做浸水處理

南瓜種子的殼非常硬且厚，如果直接播種於土壤內，需要一段時間才能讓水分滲透、開啟發芽的開關。因此先將種子浸泡於水中。

種子皮的側面，可用指甲刀稍微剪開兩處。若傷到種子尖端部分會難以發芽，所以務必只能剪側面。

將種子放入保利龍材質的納豆容器等具有保溫作用的容器內，浸泡於水中直到種子充分濕潤為止。浸泡約半天後，用沾濕的面紙包起來

容器蓋上蓋子，放入其他作物的隧道棚內。也可以放在採光良好的窗邊。只要維持25～30℃的溫度，約5～10天即可發芽

2 發芽後播種於苗床

於苗床空間施撒每1㎡約100㎖的苦土石灰及2.5kg的腐葉土。將已經發芽且根部還沒長出的種子，以10㎝的間隔直接播種於苗床，再蓋上透明塑膠布保溫。可省略澆水管理，比黑軟盆育苗更輕鬆。

若溫度足夠的話，約1週就會紛紛長出子葉。不需要疏苗，長出3～4片本葉再挖起定植即可。

3 定植後的管理

❸ 第1朵花以人工授粉

雖然南瓜花交給昆蟲授粉的著果率也很高，但為了能確實著果，每根枝蔓的第1朵花進行人工授粉。摘下雄花，將雄蕊觸碰雌花中間的雌蕊。趁開花的早上9點前授粉完畢。

子蔓

去除親蔓，讓 3 根子蔓生長

當新的葉片長大，燈籠罩內變得擁擠時，可將肥料袋拆下讓枝蔓沿著田畦生長。長出6～7片本葉時進行摘芯。種西洋南瓜時，許多人會建議1根親蔓的單幹整枝，或1根親蔓及2根子蔓三幹整枝栽培。雖然這些方式能採收較多的果實，但我都會將親蔓摘芯，保留從下方長出生長狀態相同的3根子蔓。

子蔓2

❹ 第 2 果之後進行摘果

確認第1朵花的著果後，自然授粉的第2果之後的果實應儘早摘除，每根枝蔓保留一顆果實即可。就算栽培途中腐爛也不用刻意保留預備的果實，讓營養集中在最初的果實。

子蔓3

讓營養集中運送至決定好的果實，就能提升甜度及風味

第3果（摘果）

第2果（摘果）

初果
（保留＝人工授粉）

親蔓

為了讓每條枝蔓只結1顆果實，使果實的風味均衡，刻意將親蔓切除

❷ 保留 3 根子蔓

從摘芯部分的下方長出的子蔓當中，留下較有活力的3根，其餘的枝蔓去除。這是為了讓每根枝蔓長出的果實生長速度一致。

❶ 將親蔓摘芯

親蔓及子蔓的生長勢有所差異，同時也會表現在果實的生長上。因此於第5～6節切除親蔓摘芯，讓下方長出的3根子蔓結果實。

調整果實位置，讓顏色及形狀更美觀

若以著果時的狀態放任生長，當果實長大後會讓內側呈現黃白色，形狀也可能變歪。為防止以上情況可進行位置的調整。當果皮的顏色變深後，可將果實轉圈讓內側也能照到光。不過每次轉動的範圍最多只能90度。如果大幅度移動有可能會讓果蒂斷裂。

如果任其生長，接觸地面的部分會變得潮濕而容易受傷。可以將裝蔬菜的容器等倒放，當作墊子預防此情況發生。

南瓜的甜度是由追肥決定！

追肥為1次。於每根枝蔓伸長至50㎝左右時進行。從枝蔓的前端附近繞植株基部一圈，用圓鍬挖出深約5～10㎝的環狀溝（大概的根域）。於此溝槽施撒每1㎡約200㎖的伯卡西肥並覆土。由此階段長出的枝蔓及葉片，其生長勢良好與否是決定果實甜度的關鍵。

4 採收

比較確切的參考依據是著果日開始的天數。標準為40～50天，建議在果實旁邊立一個記載著果日期的牌子。果實的外觀也可以用來判斷是否為採收適期。一般的品種是由果皮的顏色深度判斷。綠色越深代表越成熟。在調整果實位置時，稍微殘留的白色轉為黃色也是成熟的徵兆。蒂頭部分變黃色而且裂開時，也代表可以採收。採收後可放在陰涼場所2週至1個月，追熟讓果實甜味增加。

尚未成熟的果實即使追熟也不會變甜。應耐心等待直到完全成熟為止

豌豆→南瓜的接力栽培 將採收殘餘當作覆蓋資材

我每年都會在2畦豌豆田中間栽培南瓜。當南瓜具有保溫作用的燈籠罩拆掉時，剛好是豌豆採收的時期。將殘留的莖葉倒向南瓜植株，就能成為優良的覆蓋資材。可為幼小的植株帶來保溫、抑制雜草、抑制泥水彈起引起的病害等作用，梅雨季結束後也能防止乾燥。南瓜採收後就可將其分解，肥沃土壤。

豌豆不用攀爬網，只用支架跟繩子固定，以便最後讓枝條倒伏於地面。採收期間也能為南瓜田擋風

豌豆植株的殘渣富含營養，可成為很好的肥料

採收後將支架及繩子拆下後，將枝條倒向南瓜植株的方向。枝條很快就會枯萎變乾稻草狀。是個一石二鳥的栽培法

櫛瓜

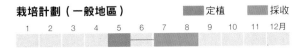

栽培計劃（一般地區）

| | 定植 | | 採收 |

1	2	3	4	5	6	7	8	9	10	11	12月

確實著果，摘除老葉
提升植株的新陳代謝

櫛瓜是南瓜的親戚，根據品種有許多不同的顏色及形狀。由於櫛瓜非蔓性植物，所以不需要像南瓜一樣寬敞的面積。不耐乾燥及過濕，對於梅雨及夏季炎熱的日本而言，可說是有點難度的蔬菜。然而，只要順利栽培就能陸續結出光澤的果實，妝點餐桌。栽培重點在於土壤的保水性及排水性的平衡。以及確實拉出植株間距，確保田畦的通風與日照。開花時期如果天氣不好，就不會飛來昆蟲授粉，所以要確實進行人工授粉。我自己是設定每株採收10根以上才合格。如果錯過採收的時機，櫛瓜會越來越大，風味會變得比較粗糙，所以應趁鮮嫩時採收。

1 整地

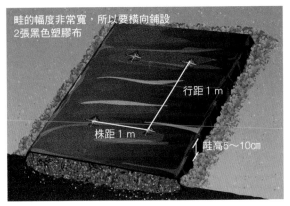

畦的幅度非常寬，所以要橫向鋪設2張黑色塑膠布

行距1m

株距1m

畦高5～10cm

多放一些腐葉土，調整保水性與排水性的平衡。於定植至少1週前拌入每1m²約100㎖的苦土石灰、3kg的腐葉土，以及200㎖的伯卡西肥。排水較差的農田可將畦立高一些。栽種2行以提升授粉機率。

2 定植

雖然不太佔面積，但畢竟還是南瓜的近緣種，根系伸展的範圍非常廣。如果根系交叉使通風變差的話，就很容易出現病害，建議株距能保持1m左右的程度。只要有4株，就足夠全家人充分享用。

植穴深度約10cm。幼苗充分吸水後定植，接著固定暫時性的支架，避免風吹造成的葉片及莖部損傷。植株基部固定好之後，於每株倒入200㎖的發酵雞糞液肥5倍稀釋液（P.8），促進存活率。

葉片容易受到黃守瓜的危害。幼苗期受到的危害較大，因此可用寒冷紗暫時搭起兼具保溫作用的隧道棚。當葉片長滿棚架內側時即可拆除。

3 搭設支架

雖然櫛瓜並非蔓性，但實際上因為枝蔓狀組織的節間非常緊密，所以植株本身沒有支撐力。非常容易折斷，因此不需要勉強往上伸展，可從搭設3個方向的支架來支撐。在採收的後期莖部逐漸伸長時，會變得難以支撐，這時候可以讓植株直接倒伏於地面。

4 人工授粉

為避免干擾授粉作業，可摘除雄花的所有花瓣，只留下雄蕊

著果不良的原因有雄花跟雌花的開花時機、授粉昆蟲與天氣的關係、肥料平衡等要素，而葫蘆科作物的共通點，就是第一朵花的著果會影響到之後結果的狀況，因此第一朵花應藉由人工授粉使其確實著果。將雄花（花朵下方沒有膨起的花）的雄蕊接觸雌花中心的雌蕊。

栽培密技！

不再開花時施撒恢復作用的液肥

開始採收後，於距離植株基部50㎝以上的位置，直接在黑色塑膠布開4個洞。在每個洞倒入2ℓ的發酵雞糞液肥3倍稀釋液，就能長期採收。如果不再開花時，可以重複施撒液肥當作追肥。也不妨將日期及次數記錄下來，當作隔年之後的參考。

5 採收

開花後10天左右即可採收。生長至20～25㎝即可採收食用。帶有花的小櫛瓜也可以當作櫛瓜花利用。若放任不管會逐漸吸收肥料，生長至接近60㎝長度。不僅風味變得粗糙，也會造成植株「疲軟」，因此建議去除。採收時將果實下方的葉片或是變黃的葉片，由葉柄部位剪除。促進日照及通風也能提升植株的新陳代謝。

提升採收量的小技巧 ❶

夏天的兩大驅蟲噴霧

害蟲們總是在即將採收前時機點出現，為蔬菜帶來致命的危害。
在這裡為各位介紹不使用化學藥品的驅蟲法。

預防害蟲的
辣味驅蟲水

燒酎（甲類燒酎25度）1.8ℓ／大蒜250g以上／辣椒（乾燥）
100g以上／木醋液350㎖／2ℓ的寶特瓶3瓶

製作方法

1 ╲ 切碎一點
成分比較快釋出 ╱

大蒜及辣椒切碎。也可
以使用採收到形狀或顏
色較差的大蒜及辣椒。
辣椒建議用「鷹爪（朝
天椒）」等辣味較強烈
的品種。

3

關上蓋子，保管於陰涼
處約3個月後，大蒜及
辣椒的成分會釋放於燒
酎內。偶爾搖晃瓶身可
以加速成分釋出。

4

分別將250㎖的萃取液
放入空的寶特瓶中。為
了避免使用噴霧時阻
塞，倒入瓶中的時候
可以用多餘不織布等過
濾。於此混合液中加入
木醋液350㎖，搖晃瓶
身使其均勻。

2

使用漏斗，將切碎的大
蒜及辣椒分別放入2個
寶特瓶中，再分別倒入
900㎖的燒酎。分開製
作對於之後的管理也比
較輕鬆。

使用方法・用途

稀釋200倍，直接噴灑於害蟲。噴
灑於螞蟻時雖然不會致死，但是會
逃離不再靠近，而蚜蟲大約有8成
會死亡。稀釋400～500倍直接噴灑
於作物，也有葉面液肥的效果。

雖然只要使用殺蟲劑就能簡單解決害蟲問題，但是仍堅持無農藥栽培，是為了能開心品嚐自己栽種的蔬菜。在我小時候沒有那些化學藥品，防治病蟲害的資材大多來自於天然。雖然沒有非常大的效果，但卻都是農業悠久的歷史中受過驗證的技術。周圍仔細一看，如今農田及家裡都有能應用於害蟲防治，令人安心、安全的資材。充分活用這些資材，與蟲子們比賽智慧及耐性，也可以說是蔬菜栽培的樂趣所在。

擊退害蟲的
馬醉木液

馬醉木為杜鵑花科的常綠灌木，整棵植株都含有有毒成分。常用來作為庭園灌木栽種。由於鹿不會吃這種植物，所以奈良公園附近很多。過去經常用來驅除壁蝨及殺蛆蟲。屬於自然毒，因此分解速度快。

製作方法

1
馬醉木的花、枝條及葉片都可利用。每1ℓ的水使用約150g的馬醉木。可用庭園修剪下來的枝條來製作。乾燥的葉片也有效果。

4
沸騰10分鐘以上即可關火，於常溫下自然冷卻後放入寶特瓶中保存。

使用方法・用途
用水稀釋20倍直接噴灑於害蟲。對於蚜蟲非常有效。對於毛蟲或金龜子幼蟲也有殺蟲效果。對蛞蝓、鼠婦、蝶蛾幼蟲、螞蟻有忌避效果。※請勿於採收期間使用。

2
將枝條及葉片剪碎，放入鍋中用水熬煮。因為是有毒成分，製作的過程建議在戶外而非廚房進行。

水麥芽肥皂液

使用家家戶戶都有的肥皂及水麥芽製作而成的簡易殺蟲劑。能藉由黏性物質塞住蟲子的氣門，使其窒息。①將2大匙的水麥芽加入500㎖的熱水中攪拌。②準備溶解後的固體肥皂，或是液體皂原液20～30㎖。③將❶與❷混合，用噴霧罐直接噴灑害蟲。大約能驅除9成的蚜蟲。

3
若大量吸入蒸氣可能會讓身體不舒服，請務必站在上風處。為確保安全，萃取時請穿戴護目鏡、口罩及橡膠手套。

分數次定植，
從夏季前到秋天都能採收

玉米非常耐病害，只要確實整土就能苗壯生長。最需要對付的害蟲，是會將莖部的芯及果實啃食殆盡的亞洲玉米螟。通常以無農藥栽培有很高的機率會被攻擊，不過也有對付的方法。授粉後切除雄穗是常見的方法，另外定植方法也能降低危害。用穴盤及隧道式塑膠布棚架從早春開始育苗，就能在亞洲玉米螟第一次成蟲出現前採收。玉米的好處就是即使失敗，重新播種也還來得及。實際上播種的適期比種子包裝袋顯示的幅度還大，所以稍微晚一點也沒關係。最近甚至還出現了「盛夏播種初冬採收」這樣的說法。分不同階段定植就能長期享受採收樂趣，還能分散颱風造成的倒伏風險。

玉米

栽培計劃（一般地區）　　　■播種　　■採收

| 1 | 2 | 3 | 4 | 5 | 6 | 7 | 8 | 9 | 10 | 11 | 12月 |

1 育苗

玉米雖然也可以5月過後再直接播種，不過為了預防亞洲玉米螟，基本上建議用穴盤育苗並且提早栽種及採收。育苗對於預防鳥類（綠雉、鴿子等）造成的種子食害也很有效。時期約為3月上旬。可以用隧道式的塑膠布棚架管理，或是將播種後的穴盤放入保麗龍盒內，蓋上透明塑膠袋並放在陽台或窗邊也能有相同的效果。在家中育苗比較能隨時澆水等細心管理。

使用25格（5×5）的穴盤。將種子吸水一晚後，於每格播種1顆。種子會從尖端發根，因此將尖端朝下。如果直接播種於農田時，大多會從2～3顆種子當中選出一株幼苗，不過因為穴盤可以大量播種，因此就算有些沒有順利發芽也無所謂。放置於能保溫的位置，約1週後就會發芽。

2 整地

玉米需要的肥料量較多。養分不足或土壤中的肥料分佈不均時，所受到的影響非常明顯，因此要做好充足的整地作業。玉米是根系垂直生長的作物，所以定植位置大約要深耕至30㎝左右。

> 深耕時，圓鍬會比鋤頭更輕鬆

於定植至少2週前全面拌入每1㎡約60㎖的苦土石灰、3kg的腐葉土以及400㎖的伯卡西肥。

3 定植

採收時期越早，就越能防治亞洲玉米螟造成的危害。雖然提早栽培是為了防蟲害，但是保溫也不可或缺。我所實踐的栽培法，是於田畦挖出直徑20㎝、深20㎝的洞穴，於底部再稍微往下挖定植幼苗的「洞底定植法」。只要於上方鋪一層透明塑膠布，每個洞就成為了舒適的獨棟溫室。若覆蓋寒冷紗和不織布就能做好雙重保溫，避免熱氣散出。

①於上方覆蓋透明塑膠布，再打一個小洞避免悶熱

②接著再蓋一層寒冷紗或不織布，提升保溫力

直徑20㎝

深20㎝

幼苗的周圍形成溫暖的空氣層

洞穴容易崩塌，因此外圍用圓鍬壓住固定再定植幼苗。

玉米直接播種容易受到鳥害。因此育苗是有效的對策。

相同品種栽培2排

玉米是經由風授粉的風媒花。每根雌蕊（玉米鬚部分）會成為一粒粒的玉米，因此授粉狀態不良就會讓玉米果實不均勻。同一株的雄花及雌花的開花期通常不會一致，因此相同品種務必要種多一些，並且以2排栽種。

定植時以行距50㎝、株距40㎝的間距栽種2排。覆蓋透明塑膠布及寒冷紗（或不織布）後，可用裝滿水的寶特瓶鎮壓

天氣變暖後直接播種也 OK

第2批玉米可直接播種於田間。每個植穴播種2顆，當植株高度生長至30㎝左右時間拔至1株。只要錯開播種時期栽培，就能分散害蟲及颱風造成的風險。

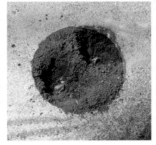

不需要擔心晚霜（日本關東南部大約是5月中過後）時，就可以用一般的直接播種法。為促進發芽及初期生長，可在田畦鋪一層塑膠布以維持地面溫度。

4 定植後的管理

當葉片生長至透明塑膠布的高度時，可將寒冷紗或不織布移除，於透明塑膠布上割出小縫讓葉片往外生長。塑膠布可繼續使用到採收為止，因為能維持地面溫度，所以生長速度也比較快。做好管理培育出茁壯的植株。

❸ 去除雄穗

當前端的雄穗變茶褐色時，代表授粉結束。亞洲玉米螟會循著花粉的味道前來，因此授粉結束後應立刻去除雄穗。

❷ 除穗

隨著植株生長，會連續長出2個小穗，為了讓營養能確實輸送至果實，應保留上段並去除下段的穗。去除的穗可當作玉米筍食用。

保留

去除

❶ 不需要摘除側芽

從植株基部長出的側芽能補充光合作用。可保留不需去除。

果實肥大需要充足的水分。當土壤變得乾燥時，可以施灑液肥兼作澆水

根系會往正下方伸展，所以應於植株基部施加追肥

42

5 追肥

果實收成的狀態會隨著追肥而改變。為避免生長過程中缺肥，每棵植株應於周圍施以120㎖的伯卡西肥，共計3次。

第1次追肥應在本葉長出5～6片，植株高度到達30㎝左右時施撒。

當雄穗開始長出時，施撒第2次的追肥。第3次的時機點在雄穗的開花時期。追肥後應於植株基部覆土。也能防止根系增加引起的倒伏。當果實開始膨大，也可以追加液肥（P.8的發酵雞糞液肥5倍稀釋液，每株施加1ℓ）。

用防蟲網守護果實避開蟲害

若要確實預防亞洲玉米螟的危害，物理性的防治法最為有效。就是用防蟲網圍住田畦這個方法。尤其是在氣溫上升後以直接播種的栽培時，果實變大的時期與亞洲玉米螟的產卵期重疊，因此可說是最確實有效的方法。注意要封住防蟲網的下擺，避免出現空隙。

下側也要封住，擋住縫隙避免蟲子進入

若不使用除蟲藥劑，又想確實防治亞洲玉米螟的危害時，除了像是防蟲網這種物理性防治法之外，沒有其他方法。

6 採收

玉米果實是由綠色的皮層疊包覆，所以早期較難以確認果實內的狀態。大的果實不一定就已經成熟，小的果實也不一定尚未成熟。判斷的首要標準就是玉米鬚的顏色。以及握住的時候能充分感到顆粒狀的凹凸時，也是可以採收的跡象。

當玉米鬚整體枯萎成茶褐色時，代表可以採收

栽培密技！

錯開播種時期，就能長期採收

每株玉米頂多只能採收1～2根玉米果實，因此如果同時播種，採收期間很快就會結束。如果將播種分開數次進行，採收期也能隨之延長，還能減輕蟲害及颱風引起的倒伏風險。

	播種	定植	採收
第1次	3月上旬	3月下旬	6月中旬
第2次	3月下旬	4月中旬	7月上旬
第3次	6月上旬	6月下旬	8月下旬

毛豆

栽培計劃（一般地區）

1	2	3	4	5	6	7	8	9	10	11	12月

■ 播種　　■ 採收

摘芯後讓側枝結出豆莢，
藉由追肥使豆子肥大

雖然毛豆的新鮮度非常重要，不過我可以如此斷言：「豆子本身如果缺乏風味，即使是現採的毛豆也不會美味」。栽培出風味佳的毛豆秘訣有三個。其一是肥料，與量無關而是施肥的方式。其二是水，毛豆是意外需要大量水份的作物。我的農田位在的千葉縣北總台地，當地的土壤容易乾燥，所以長出豆莢後需要頻繁澆水。第三是做好防蟲對策。像是會將葉片啃食殆盡的艷金龜，或是會直接對豆莢內的豆子造成危害的椿象，都應做好防治對策。

1 整地

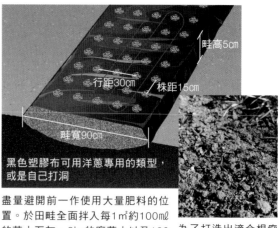

畦高5cm
行距30cm
株距15cm
畦寬90cm

黑色塑膠布可用洋蔥專用的類型，或是自己打洞

盡量避開前一作使用大量肥料的位置。於田畦全面拌入每1㎡約100㎖的苦土石灰、2kg的腐葉土以及100㎖的伯卡西肥。

為了打造出適合根瘤菌發揮作用的環境，可混入木材燃燒的餘燼。也可以使用碳化稻殼或珍珠岩。

豆科植物可藉由與根系共生的根瘤菌力量，固定空氣中的氮當作養分使用。豆科植物則是提供糖分給根瘤菌作為回報。當土壤中的氮肥較多時，這種共生關係便會自動消除，容易使植物的莖葉不斷生長而無法結果實。話雖如此，土壤中如果完全沒有肥料的話，植物也難以生長。

2 播種

毛豆根據品種可分為早生、中生及晚生。如果想在椿象大量出現前結束採收的話，建議選擇早生品種。延後栽種晚生品種的方法，豆莢會在椿象高峰期結束時長出，因此也能減輕危害。

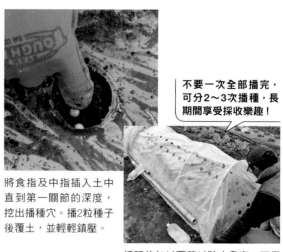

不要一次全部播完，可分2～3次播種，長期間享受採收樂趣！

將食指及中指插入土中直到第一關節的深度，挖出播種穴。播2粒種子後覆土，並輕輕鎮壓。

播種後加以覆蓋以防止鳥害。可用打洞的透明塑膠布搭起隧道棚，兼具保溫作用。

3 播種後的管理

毛豆是基本上放任不管也能生長良好的作物，但只要下一點工夫就能增加收成量，這個作業就是摘芯。偶爾掀開隧道式保溫棚架確認植株生長，當本葉長出5片（5節）時，用剪刀去除頂芽。如此一來就能增加側枝的數量，長出更多豆莢。進行摘芯作業的同時，也可以將隧道式塑膠棚架替換成防蟲網。

間拔　　　　保留

本葉長出約2～3片時，留下1棵生長狀態較好的植株。

> 摘芯後植株高度會變矮，因此能減少風吹造成的倒伏風險

當本葉長出5片時摘除頂芽。讓營養能運輸至側枝的生長。

等開花後再施撒追肥

毛豆嚴禁施肥過度。話雖如此，這頂多也只適用於枝葉生長的前半個階段。當花開始授粉後，反而要注意肥料是否不足。追肥是用液肥施撒2次。第1次在開花的時候。第2次是在豆莢開始膨大的時機點。這個時期也要特別注意水分是否充足。

從塑膠布的植穴注入每株約500㎖的發酵雞糞液肥（P.8）10倍稀釋液，兼作澆水。當土壤變得乾燥時，應施灑水分。

4 採收

毛豆的收成時機點非常難以判斷。太早採收豆子過硬缺乏甜味，太晚採收毛豆特有的甜味及香氣則會消失，變成類似黃豆的口感。參考依據是8成的豆莢都已經鼓起的時候。還是拿捏不準的話，可以先試著早點採收看看，接著每隔3～4天採收，找出最美味的採收時機點。

根系附著許多根瘤菌。共生的根瘤菌就是毛豆健康生長的證明。

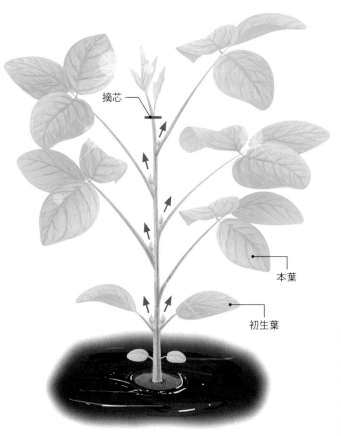

摘芯

本葉

初生葉

豆莢會從枝條基部（節）長出，因此側枝的數量越多就能長出更多豆莢。

芝麻

栽培計劃（一般地區）　　　　■ 播種　　■ 採收

| 1 | 2 | 3 | 4 | 5 | 6 | 7 | 8 | 9 | 10 | 11 | 12月 |

雖然整個過程很費工
但自己栽培別有一番成就感

芝麻雖然是餐桌上不可或缺的存在，不過事實上日本國人所消費的芝麻，有99%都是進口而來。將自己栽培的芝麻烘焙煎熟，味道跟風味絕對都在市售產品之上。採收後的採集作業雖然費工，不過絕對有栽培的價值。栽培本身並不困難，重點在於發芽期的管理以及株距的調整。常見害蟲為胡麻蟲（天蛾幼蟲），若疏忽的話會逐漸變大，一轉眼之間將葉片啃食乾淨。雖然害蟲防治也需要費心，不過如果能吃到現在幾乎買不到的國產芝麻，對於家庭菜園愛好家而言可說是最幸福的事了。

1 整地

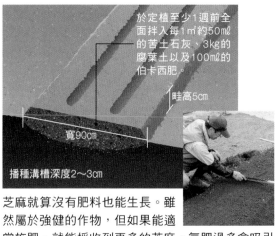

於定植至少1週前全面拌入每1㎡約50㎖的苦土石灰、3kg的腐葉土以及100㎖的伯卡西肥。

畦高5cm

寬90cm

播種溝槽深度2～3cm

芝麻就算沒有肥料也能生長。雖然屬於強健的作物，但如果能適當施肥，就能採收到更多的芝麻。氮肥過多會吸引害蟲靠近，不過整體而言還是益處居多。在立畦時盡量使土壤平整。因為種子非常小，所以如果覆土時有厚度差的話，便會難以控制在同時期發芽。

2 播種

溝槽以1cm的間隔進行條播。芝麻顆粒非常小，就像經常會用「芝麻小事」用來比喻微不足道的事情。雖然要用1cm的間隔仔細播種需要很大的耐心，不過保持相同的間距較容易進行疏苗等後續管理。覆蓋一層薄薄的土後鎮壓。芝麻的發芽溫度偏高，大約在25～30℃左右，播種應該要在足夠溫暖時進行。

可用方形木條當作覆土後的鎮壓，使土壤更夯實，防止雨水造成種子流失，同時也能提升本身的保水力。播種後用澆水壺溫和灑水。

雖然芝麻耐乾燥，不過從發芽到幼苗期嚴禁缺水。可用防蟲網或是寒冷紗搭起隧道棚，促進發芽。當本葉長出2～3片時即可將隧道棚拆除。

3 疏苗

摘除生長較緩慢的幼苗或是過於密集的部分，調整株距。如果株距過大也可以用拔起來的幼苗填補。疏苗共進行2次，最後的株距調整至15cm。一般建議的株距為20～30cm，不過芝麻植株上方的果莢不太會結果實。如果是相同面積的話，植株數量多一點就能採收更多芝麻。

在本葉長出5～6前完成第1次的疏苗。初期要經常拔草避免雜草過於茂盛。疏苗的同時於植株基部施撒每1m²約200ml的發酵雞糞液肥（P.8）後培土。

當植株高度生長至20～30cm時，進行第2次的疏苗。去除生長瘦弱的植株。如果有缺少植株的話，再從間拔的幼苗中選出健康的苗株補植。同時也進行培土。

只要確實培土，植株彼此的根系就能互相支撐，不會被風吹倒

4 摘芯

摘芯的時機點是下側葉片開始變黃的時候。代表植株開始老化，如果繼續讓植株生長，會使營養無法運輸到果實。

芝麻的莖葉會在開花的同時繼續往上生長，因此果莢會從下側開始成熟。越往上果莢越小，形成果菜類常說的「末梢果※」狀態，果莢的充實度也會下降。當植株生長至某個階段後，可用剪刀將頂部剪斷，讓營養運輸至下部分的果莢。

5 採收

當葉片枯黃後就會自動掉落。這時候果莢變得飽滿，成熟的果莢開始裂開，這時候就算等待所有的果莢成熟，上側的果莢也只會停留在未成熟的狀態。另外，若放置過久芝麻粒會從開口掉落，或是因為下雨而發芽。下側的果莢裂開後應收割所有的果莢並乾燥。

收割前可將葉片去除，收集芝麻時就能減少殘渣垃圾，作業起來更輕鬆

由下往上數第3段左右的果莢裂開時，就是收割的最佳時機點。

6 採集

芝麻最費工的就是採收後的採集過程。由於顆粒非常細小，若不小心打翻便會難以回收，要區別芝麻與其他殘渣也需要相當的耐性。挑選芝麻的工作在以前就是由時間多的老人家來做。從栽培到挑選都親力而為的話，品嚐時絕對別有一番滋味。

在帶回去之前，記得不要將莖部朝下。採集芝麻時務必鋪一層藍色帆布等。在不會淋到雨的位置曬乾，乾燥後用木棒輕敲。有些芝麻仍會殘留於果莢中，這時候可連同莖部放入紙製的米袋中搖晃使其脫落。

將所有果莢放在濾網上。將收集的芝麻用竹籤，一粒粒挑出未成熟芝麻粒或殘渣。

由於眼睛容易疲勞，建議在顏色易於分辨的紙上進行

※末梢果：指生長在枝蔓末梢發育不良或是未成熟的果實。

秋葵

栽培計劃（一般地區）

| | 播種 | | 採收 |

| 1 | 2 | 3 | 4 | 5 | 6 | 7 | 8 | 9 | 10 | 11 | 12月 |

藉由適度密植抑制生長勢
持續採收柔軟的果實

秋葵是非常健壯的夏季蔬菜。施撒足夠的緩效性腐葉土及牛糞堆肥，並等到天氣足夠溫暖時直接播種於田間，幾乎都能成功栽培。雖然會有蛾的幼蟲造成的嫩芽、葉片的食害或蚜蟲的危害，但是不至於引起嚴重的病蟲害，就算無農藥栽培也能順利採收。陸續長出美味的果實，營養也非常豐富，是能幫助消暑氣的蔬菜。重點在於初期的保溫，以及氣溫上升後植株急速旺盛的生長期管理。每根果實的採收適期期非常短，如果太晚採摘很快就會長出粗纖維變硬。藉由適度密植及頻繁採收，稍微抑制生長力，是長期採收的關鍵。

1 整地

秋葵的根系會往深處伸展。莖部變粗，高度甚至會比人還要高，是非常需要肥料的蔬菜。如果只在田間全面施肥，植株雖然會生長迅速，但養分也會被吸收殆盡使植株很快疲軟。為避免栽培途中缺肥，可以在田畦較深位置放入多量的緩效性溝肥，就能長期生長。

用面紙包起種子，放入容器中泡水約2天吸收水分，幫助順利發芽。

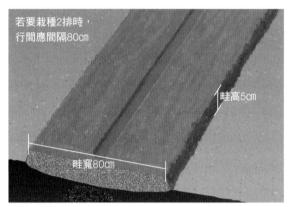

若要栽種2排時，行間應間隔80cm

畦高5cm

畦寬80cm

❶於定植至少1週前，在畦中央挖出寬20cm、深20cm的溝，於每1㎡溝中拌入腐葉土及牛糞堆肥各1.5kg，及伯卡西肥200㎖，將肥料事先混合均勻後拌入溝中，再將挖出的土回填。
❷於播種至少1週前，全面拌入每1㎡約100㎖的苦土石灰及400㎖的伯卡西肥。

2 播種

一般栽培蔬菜時，為了防止植株間搶奪肥料及陽光的惡性競爭，會盡量拉開株距栽培，不過秋葵的栽培密訣與其相反。秋葵屬於未熟果，而且是在非常幼嫩的時期食用的蔬菜。如果植株的生長勢過強，果實也會很快就長大，所以要藉由密植減緩植株的生長。

播種的溝槽可用寬4.5cm的木條壓出2cm的深度。以每8cm的間隔播種2顆種子，播種於溝的左右兩側。覆土後稍微鎮壓，並施灑充足的水分。

為防止生長遲緩及低溫期的生理障礙，到長出3片本葉為止，應用防風網搭起隧道棚。

晚一點播種較能使初期的生長順利

3 播種後的管理

只要氣溫充分上升，發芽率就會非常高。於每處播下的2顆種子當中，保留較苗壯的幼苗。植株彼此的間隔非常窄。適度的競爭能減緩植株的生長速度，避免果實過剩或是生長速度過快，錯過採收的最好時機。

當本葉長出4～5片時進行疏苗。摘除生長狀況較差或是受到蟲害的幼苗。

前端附近長出花苞，隨著莖葉的生長依序開花。從播種到長出初花約需要50天。

本多流的株距只有8cm。密植雖然會讓肥料所分配到的量減少、生長變慢，不過卻能因此而長期採收。

若長出側芽應儘早摘除

秋葵的根系屬於直根，會往地下深處伸長。立畦的時候事先拌入的緩效性溝肥，會在進入採收期時發揮作用。

定期追肥及培土

秋葵在開花的同時植株也會逐漸長大，因此於採收後半段需要相當的肥料。雖然想採收鮮嫩的果實必須要抑制肥料量，不過缺肥也會無法開花，所以應實施2次追肥並同時培土。

當本葉長出6片時，進行第1次的追肥。於畦的兩側挖出深約3cm的溝，全面拌入每1㎡各200㎖的發酵雞糞液肥及伯卡西肥。第2次是在開始採收的時期。將速效性的發酵雞糞液肥（P.8）稀釋6倍，於每1㎡施灌2ℓ，也兼作灌水。

當葉片的裂紋變得明顯，就是缺肥的徵兆。應該要立刻於基部灌入發酵雞糞液肥。

4 採收

果實最佳採收（食用）時機是在開花後的1週左右，不過也會隨著植株的狀況或天候影響。果實會在一瞬間變大（變硬），所以千萬別錯過採收時間。豐收期甚至能早晚採收2次。建議每2～3天巡視一次。提早採收對於風味沒有影響，反而小一點比較柔軟，味道也比較細緻。

用剪刀採收。每剪下一根時，應該順帶剪去下方的第1片葉子，在密植的環境中也能確保良好通風及日照，維持植株的健康。

○　◎　△　✕

比市售秋葵小一點的狀態下採收，就能保證美味。用菜刀切除果蒂部分時若有硬物感，就表時已經長出粗纖維。

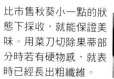

徹底除草，配合時期進行培土
採收豐碩的成串果莢

在一整年當中，我的田間栽培面積最大的作物就是落花生。全家人都很愛吃花生，吃再多也不會膩。每年都能收成10kg。最近水煮花生非常受歡迎，不過我們家的吃法是標準的鹽炒花生。一旦吃過自己炒的花生，市售的花生就再也無法滿足味蕾。落花生非常耐病蟲害，最大的敵人是烏鴉。播種時跟剛採收完的曬乾時期很容易被盯上。另一個重點是培土及頻繁除草。只要掌握好這些重點，我相信就算栽培新手也能大豐收。

落花生

栽培計劃（一般地區）　■播種　■採收

| 1 | 2 | 3 | 4 | 5 | 6 | 7 | 8 | 9 | 10 | 11 | 12月 |

1 播種

事先確認前一作栽種哪種作物，放入哪些肥料，並盡量選擇殘肥較少的位置栽種。豆科作物可藉由根部的根瘤菌共生，補充氮元素，因此基本上可以不放基肥。最初如果氮素過多，會讓植株不斷生長莖葉而不結果實，所以肥料不足時再用追肥調整即可。

栽培2排以上時，行距應為60cm以上

平溝深度為10cm

畦寬60cm

畦高5

不放基肥，只拌入每1m²約100mℓ的苦土石灰至深20cm的位置

於畦中間的平溝，以每20cm的間隔播1顆種子後覆土。不需要澆水。於其他地方同時播下2成數量種子當補種用，發芽後用來補足欠缺的位置。播種後別忘了覆蓋防鳥網。

2 播種後的管理

如同其名，「落花生」的花在開花後，子房柄會往土裡伸長發育成莢果。如果花的位置離地面太遠，或是土壤過硬讓子房柄無法確實伸入土中時，莢果的數量便會減少。而幫助解決這些問題的方法就是植株基部的培土。去除雜草也是同樣的道理。

第 2 次的培土

第2次培土會決定收成量。當開花順利時，長出子房柄的範圍也會增加，所以應該將柔軟的土壤往植株基部堆覆。第2次培土不需要施加追肥，只要將重點放在除草即可。

第 1 次的培土

當植株長出側枝，並分別長出3～4片葉子時即可進行培土。用鋤頭鋤起周圍淺層的土壤，覆蓋於植株基部至莖葉清楚可見的程度。被土壤覆蓋的莖部會慢慢立起，所以就算覆蓋的土層較厚也沒問題。

注意培土時如果鋤頭前端太靠近植株，會不小心切斷根系。

發芽後經過80天開始開花

這就是子房柄

花朵枯萎後，花朵的基部長出有如細針般的長條形子房柄會繼續伸長。伸入土中肥大發育成莢果。

莢果如果冒出土壤外，會因為照到陽光而變成綠色且變硬，應儘早培土。

施加追肥，並於植株基部堆土

雜草會干擾子房柄伸入土壤中，應趁雜草還小的時候去除

生長在根系上的大量根瘤菌，能與豆科植物共生並固定空氣中的氮

於第1次的培土後進行追肥。施撒於植株基部

3 採收

大約播種後130天，開花後90天即為採收的適期。當葉片轉黃時，可試著挖掘一株看看。當莢果的網狀明顯，並且8成的莢果都已經膨起時，就是採收的時期。用圓鍬插入植株周圍，將整棵植株往上挖起採收。

如果直接往上拔會扯斷根部，使讓部份莢果留在土壤中。採收時應用圓鍬將植株挖出來。

> 莢果的上下都鼓起時，就代表已經成熟

放在田間日曬乾燥

想要長時間保存時，可將拔起的植株倒放，日曬乾燥約10天（右下）。可蓋一層網子避免遭到烏鴉的食害（左下）。乾燥後能提高保存性，風味也更加濃厚。

將拔起的植株拍除土壤。充分乾燥後將莢果摘下，水洗後再次日曬乾燥。

栽培密技！

絕品 鹽煎花生的作法

能在家中簡單料理，而且比市售的煎花生更美味的就是「鹽煎花生」。在平底鍋中放入大量的鹽，將花生從殼中取出跟鹽一起煎。鹽是很優秀的導熱材，和岩燒一樣的原理能讓花生充分熟透。而且帶有恰到好處的鹽味。美味的秘訣是選擇海鹽或鹽岩，而非精製鹽來製作。

將鹽500g以及花生300g放入平底鍋中，開中火加熱一邊用鍋鏟慢慢拌炒。當鹽加熱至開始彈起時，轉小火並且加快攪拌速度。

出現香氣後即可關火，蓋上鍋蓋悶2分鐘。

栽培密技！

落花生之後栽培小麥

落花生可藉由根瘤菌的力量，將空氣中的氮固定為養分。部分的氮素在植株枯萎後，也會殘留於根系中。我通常會在後一作栽培吸肥力強的麥（小麥），使其吸收殘留的氮肥。小麥除了具有更新土壤的作用外，也有深耕的效果。收割後的麥桿還能當作覆蓋資材使用。

提升採收量的小技巧❷

來種麥子吧

從晚秋開始，田間的閒置空間漸漸變多。
希望各位能運用這個季節，挑戰麥桿的自給自足。
試著在空閒的田間播種小麥的種子吧。

麥子的麥桿是非常棒的農業資材。中空而且細長的莖部帶有空氣，當作覆蓋材料具有極佳的保溫作用。具有適度的蒸散性，夏天能防止地面溫度過高，也能確實遮蓋光線，因此可防治雜草生長。麥桿雖然無法防水，不過只要密集擺放就有雨水溝槽的效果，排除田間多餘的水分。對於大雨也能成為緩衝，避免泥水彈起，以防止蔬菜沾染到泥水或感染病害。分解後還能成為優良的有機肥料。其中最推薦的麥類是小麥。莖部結實，在禾本科作物當中分解較緩慢，所以覆蓋資材的效果也較能持久。

製作方法

❶ 在 11 月中播種

小麥的品種為「農林61號」。每年都會自己採種。袋子中的紅辣椒是保存時的防蟲作用。

施肥前挖出10cm深的條溝，進行條播。要栽培2列以上時，行距應為60cm。

於播種後的條溝施撒每1m²約500g的腐葉土、60g雞糞，以及30g的油粕後，於溝條覆蓋土壤。

約10天～2週後發芽。不需疏苗，繼續栽培即可。

❷「踩踏麥子」讓小麥更茁壯

為了避免因為霜柱使根部露出，在下霜前可用雙腳踩踏田間的苗與土壤。適度的壓力也能刺激生長。到2月為止共踩踏2～3次。

❸ 在麥穗成熟前拔起

當作麥桿使用時，應在長出麥穗前拔起。如果在長出麥穗的狀態下當作覆蓋用的麥桿，就會開始到處發芽變成雜草叢生。用來採種的植株應另外栽種。

乾燥後堆放在田間的一隅，蓋上防水布。可隨時當作覆蓋資材使用。

於4月份時拔起乾燥。由於根系往深處伸展，因此要用兩手握住連根拔起。敲除根部附著的土壤，日曬乾燥直到莖葉變黃為止。

與落花生的輪作

落花生 ← 小麥

小麥的吸肥力強，因此很適合用來吸收前一作的殘肥。舉例來說，與根瘤菌共生的落花生在收成後，土壤會殘留適度的氮，接著栽培小麥就是很剛好的肥料。如果在小麥之後接著栽培落花生，多餘的氮就能被吸收乾淨，所以可結出大量的莢果。

蔓性四季豆

栽培計劃（一般地區） ▇播種 ▇採收

| 1 | 2 | 3 | 4 | 5 | 6 | 7 | 8 | 9 | 10 | 11 | 12月 |

適合栽培於濕度高的時期。
可在初夏及秋天，享受兩次當季美味

蔓性四季豆的植株健壯且耐病蟲害。只要沒有颱風的危害，收成的速度甚至趕不上豆莢的生長速度。不過，四季豆具有在日照持續的高溫期，就算開花也會難以授粉的特性。也就是說，如果開花的高峰期落在最炎熱的夏季，就會讓豆莢量減少，因此要配合此特性來計畫栽培。蔓性四季豆的栽培期很長，所以建議播種2次。第1次是在4月上旬。當濕潤的梅雨季結束時剛好開始開花，所以授粉率也能提高。第2次的播種在8月下旬。這時候授粉剛好是在炎夏結束，秋天雨季的時期，因此到11月上旬都能長出許多豆莢。和小黃瓜接力栽培，還能直接使用支架及園藝網，節省搭設的作業。

1 整地

雖然豆科植物的氮元素若是太多，會難以長出果實，不過蔓性四季豆還是需要一些氮肥。於定植至少一週前拌入每1㎡約60㎖的苦土石灰、1kg的腐葉土以及200㎖的伯卡西肥。

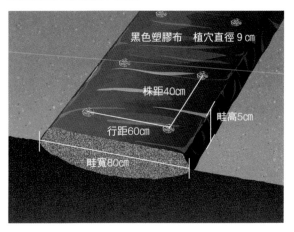

黑色塑膠布　植穴直徑9㎝

株距40㎝

畦高5㎝

行距60㎝

畦寬80㎝

2 播種

於黑色塑膠布的植穴中，用食指及中指指尖按壓凹洞，播2顆種子。若突然吸水會讓胚軸及子葉龜裂，妨礙發芽，因此在播種後不需灑水，交給大自然即可。為防止乾燥，可覆蓋寒冷紗直到發芽為止。

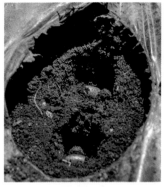

由黑色種臍部分開始發根，因此播種時可將種臍朝下，放置2顆種子後覆土。

手指的一個關節深度為播種的適宜深度

播2顆種子是為了預防欠缺苗株。若兩顆都順利發芽的話也不需要間拔，直接栽培即可。

3 立支架及誘引

長出本葉後即可準備搭棚架。蔓性四季豆的枝蔓為捲曲纏繞型,雖然只要架設一根棒子就能纏繞而上,不過捲蔓到達頂端後就會失去捲繞生長的空間。可在合掌式的支架上鋪設園藝網,將枝蔓誘引至網上。

支架使用長210㎝且較粗的類型。以1m的間隔搭起合掌式支架。將園藝網以屋頂狀撐起,並於網子下方用誘引繩輕輕固定捲蔓。

4 採收

蔓性四季豆的一般品種,其豆莢飽滿而且柔軟。如果太晚採收會讓中間的豆子或豆莢變硬,因此建議在10～15㎝左右的幼嫩時期採收。即使晚了一步,一旦發現豆莢也要立刻剪下,讓養分能輸送至其他年輕的豆莢。

能持續採收至 11 月的夏季播種

第2次的定植可直接運用小黃瓜的合掌式支架。由於土壤殘留較多的養分,所以可直接當作基肥利用。配合開花時期施加追肥。將發酵雞糞液肥(P.8)稀釋10倍,於每株施撒1ℓ於植株基部。開始採收後可用相同的量施撒第2次追肥。

非蔓性四季豆更簡單

四季豆也有非蔓性的矮性品種。生長高度頂多只有50㎝左右,不需要搭設高又堅固的支架。也很容易結果實。不過,採收期間只有蔓性品種的一半。不需進行追肥,只要基肥就能栽培。

每棵植株旁插入50㎝左右的支架,再用繩子以8字結輕輕綁起。若水分不足容易出現變形豆莢,乾燥時應頻繁澆水。

雖然採收期較短,不過若與其他作物輪作時,比蔓性四季豆更便於制訂栽培計劃。

豌豆

栽培計劃（一般地區）

| | | | | | | | | | | | |
|1|2| |4|5|6|7| |9|10|11|12月|

播種　採收

密植栽培，
越冬後的追肥可加速生長

豌豆可分為食用幼嫩時期的扁豆種、同時食用豆莢跟豆仁的甜脆豆品種，以及將豆仁取出當作青豆仁食用的品種。我通常只栽培幼嫩豆莢時期就有厚度且鮮甜，繼續任其生長也可當作青豆仁使用的甜脆豆品種。豌豆需要適當的競爭才能提升產量，因此會稍微密植。以較狹窄的株距栽培，枝蔓會互相纏繞往上生長，因此只要用簡單的支架圍繞，就能自行攀繞生長。較大的苗容易受到凍害，所以可以減少基肥的量，以小苗的狀態過冬。等到天氣變暖後，再藉由追肥加速生長。

1 整地

豌豆是需要多量鈣肥的蔬菜。基肥建議使用可同時補充鎂的苦土石灰。於播種至少一週前，全面拌入每1㎡約100㎖的苦土石灰、2.5kg的腐葉土以及400㎖的伯卡西肥。

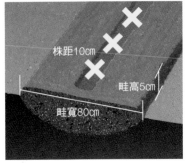

如果立多個田畦栽培時，為維持良好的通風，田畦間的距離應間隔1m。

2 播種

在經過各種嘗試過後，以10㎝的間隔播2顆種子的密植最為理想。對於彼此的生長不會造成太大的影響，反而還有互相競爭伸長的促進效果。捲蔓互相纏肉，不需要個別誘引。

使用鋤頭，於畦中央挖出深5㎝的播種用條溝。

每10㎝放2顆種子。覆土後用力鎮壓，就能夯實土壤的隙縫，抑制水分的蒸散。

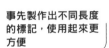

事先製作出不同長度的標記，使用起來更方便

長度標記可以用矮竹等現有的材料自己製作。

3 播種後的管理

豌豆或蠶豆在秋天播種的原因，是因為幼苗期更耐寒。發芽後於畦上鋪一層稻殼、落葉或是枯草等，再用寒冷紗搭起隧道棚，維持一定的地面溫度。黑色塑膠布或是隧道式塑膠布棚架會讓溫度過高，使幼苗長太快，因此不使用這種資材。

由於冬天的到來生長變慢，近幾年都在11月中旬播種。以照片中的幼苗狀態越冬，是最理想的狀態。

照片中的幼苗長太高，所以容易受到低溫障礙。

5 採收

甜脆豆品種豌豆的最大魅力，就是不論哪個階段都能食用。剛長出來的小豆莢可以當作味噌湯的食材。豆莢及豆仁都變得柔軟時，可以汆燙享受。從豆莢取出的圓潤青豆仁，就跟白飯一起炊煮。

如果用手直接拔會傷害莖部，採收時務必用剪刀。

到開花前實施2次追肥，就能增加收成量。

這樣的大小就能同時享受到豆莢及豆仁的美味。

4 立支架

①用鐵橇等在畦的外圍，以80cm的間隔挖出深30cm的洞。

③距離地面高度約15cm的位置也要拉線。

到了春天可拆除寒冷紗，進行第1次的追肥，將每1㎡各100㎖的草木灰及伯卡西肥混合後，從莖葉上方施撒。第2次的追肥是在準備要開花時。施撒發酵雞糞液肥（P.8）的5倍稀釋液，以及50㎖的草木灰。

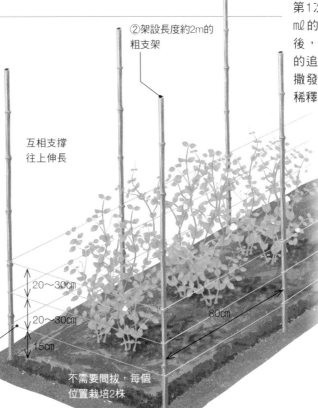

②架設長度約2m的粗支架

互相支撐往上伸長

20～30cm
20～30cm
15cm

80cm

不需要間拔，每個位置栽培2株

④根據生長狀況，以20～30cm的間隔增加繩子。最後增加至6段。

徹底整枝，採收長出三顆豆仁的飽滿豆莢

在豆類當中，雖然蠶豆的豆仁非常大且生長勢強，但如果因為植株健壯而放任生長的話，植株高度會不斷增加，使豆莢數量減少，豆仁的生長狀況也會變差。栽培蠶豆時需要留意的部分較多，確實遵守才能豐收。首先是在適當的時期播種，以耐凍害的幼苗狀態過冬，因此絕對嚴禁提早播種。春天過後要注意會使病毒病蔓延的蚜蟲。早期發現並迅速處理才能幫助防治。而且也要在早期階段摘芯，俐落地整枝以及摘花。讓養分能確實輸送至豆仁。只要遵守以上的事項，就能採收到豆莢飽滿的蠶豆。

蠶豆

栽培計劃（一般地區）

■ 播種　■ 採收

| 1 | 2 | 3 | 4 | 5 | 6 | 7 | 8 | 9 | 10 | 11 | 12月 |

1 整地

蠶豆是豆科作物中的「肥料大胃王」。以速效性的伯卡西肥，加上緩慢發揮作用的腐葉土作為基肥，後半段再用液肥當作追肥來調整。於深30cm的條溝中，拌入每1㎡約100㎖的苦土石灰、1.5kg的腐葉土，以及200㎖的伯卡西肥後覆土。

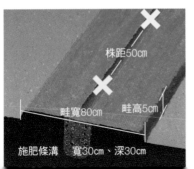

株距50cm

畦寬80cm　畦高5cm

施肥條溝　寬30cm、深30cm

2 播種

蠶豆的發芽、生長適溫為15～25℃。10℃以下雖然難以發芽，不過太早播種的話，在真正進入冬季前就會因為生長過大，使耐寒性降低，近年來多在11月上旬播種。種子以可直接播種於田間。

從叫做「黑齒」的黑色部分開始發根，展開子葉，因此可將此部分朝下插進土中埋起。

用鋤頭的直角部分挖出深4～5cm的條溝。

58

3 播種後的管理

最初長出的主枝就算保留，也不太會長出花朵。另外，若植株過高也很容易受到凍害，因此可儘早切除，讓營養運送至之後長出的側枝。在新長出的側枝當中去除過小的枝條，保留3～4根較苗壯粗大的側枝。

栽培密技！

用堆肥當覆蓋資材更安心

在切除主枝時，同時於畦表面鋪一層厚約1cm的腐葉土覆蓋植株。保護幼苗免於受到乾燥及凍害。黑色塑膠布在冬季期間會讓幼苗生長太快，所以不建議使用。

蠶豆

❶ 切除主枝

當植株高度生長至15cm左右時，從植株基部切除主枝，保留側枝。

❸ 持續摘除側枝

天氣變暖後，會開始漸漸長出側枝，不過仍應隨時切除保留最初的3～4根側枝。

蠶豆喜愛陽光。請給予充分的日照。

❷ 保留 3 ～ 4 根側枝

豆莢會從直立且活力的側枝長出，應此保留3～4根粗大的側枝，其餘切除。

追肥的時候順便培土，就能防止倒伏

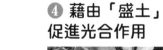

❹ 藉由「盛土」促進光合作用

於保留的殘枝中盛土。藉由土壤的重量讓植株放射狀展開，使葉片能充分照到陽光。同時也能促進植株的通風，減少蚜蟲的受害。

4 立支架及堆肥

側枝的莖部較細，所以會有容易倒伏的問題。在第1～2段的花開花時，可搭設支架防止倒伏。如果每根側枝都搭設支架會比較費工，建議用繩子圍繞整個田畦即可。

在第 7 段摘芯

隨著莖部伸長，花朵會依序由下往上開花，不過第8段以上的花就算授粉，也只會長出未熟豆莢。蚜蟲也會附著在莖的生長點，所以應從第8段連同莖部切除。

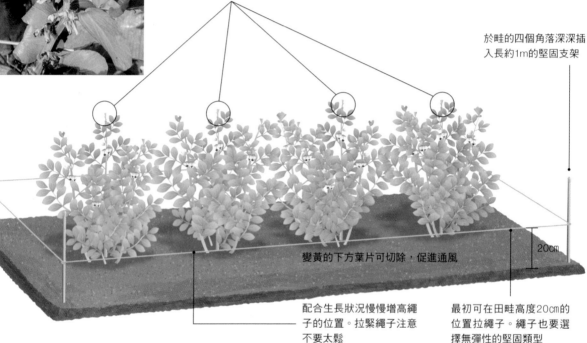

於畦的四個角落深深插入長約1m的堅固支架

變黃的下方葉片可切除，促進通風

20cm

配合生長狀況慢慢增高繩子的位置。拉緊繩子注意不要太鬆

最初可在田畦高度20cm的位置拉繩子。繩子也要選擇無彈性的堅固類型

施用 2 次追肥，液肥及草木灰

蠶豆可以透過2次追肥調整生長平衡。第1次在3月中旬。每株於莖葉施撒40㎖的草木灰，並於植株基部施撒發酵雞糞液肥（P.8）的3倍稀釋液100㎖。第2次在最初的開花期。每株施撒400㎖的發酵雞糞液肥4倍稀釋液，以及草木灰20㎖至整個莖葉。

第2次追肥的同時進行培土，讓側枝確實地立起。

草木灰富含鉀，能讓莖部的纖維變得茁壯。施撒於葉片也有防除蚜蟲的效果。

5 採收

蠶豆從先開花的下段開始採收。如果太晚採收會讓皮變硬，豆仁的味道也會變得比較粉感。進入採收期後，每3天確認一次田間，觀察整個植株豆莢的成熟狀況。

原本往上斜的豆莢變得往下，握住豆莢就能感受到豆子的形狀時，就是採收的時機。豆莢表面顏色變深，或是縫合線變黑也是採收的徵兆。

不到兩週的時間，到第6段為止都能採收到豆仁飽滿的豆莢

豆莢內側有如棉絮般的部分意外地美味。加熱後會變得很甜。

蠶豆最適合新手的自家採種

豆科作物的F1品種較少，大多能自家採種。尤其蠶豆非常大，絕對能感受到採種的樂趣。於每株當中選一個生長狀況最好的豆莢，不採收當作採種用。

採種用的豆莢可用繩子等作記號。

豆莢完全變黑代表種子已經成熟。如果放任不管會因為下雨而發霉，應取出種子陰乾。

充分乾燥後放入紙袋中保存。顏色多少會有差異，但不影響發芽率。

栽培密技!

用牛奶來對付蚜蟲

蠶豆的天敵是蚜蟲。一旦出現就會瞬間大增，並且出現病害使莖葉萎縮。一發現蚜蟲時，可用牛奶的原液噴灑。牛奶的成分乾燥後會以膜狀包住蚜蟲，使其窒息。另外，蚜蟲也不喜歡強光，所以可以在植株基部鋪一層鋁箔紙等，用來驅除蚜蟲。

牛奶噴霧是最安全且方便的蚜蟲對策。儘早處理效果比較明顯。

如果太晚播種，就透過育苗來挽救

直接播種時如果有欠缺的苗株，也可以迅速栽培盆苗補植。將播種後的盆子，放在小型隧道棚貨窗邊等溫暖的位置使其發芽，當生長狀況跟上田畦的苗株時，即可定植於田間。

草莓

栽培計劃（一般地區） ▨定植 ▨採收

1	2	3	4	5	6	7	8	9	10	11	12月

最初用市售的幼苗栽培，
第2年再自己更新成新的幼株

雖然草莓給人的印象都是用溫室栽培，不過家庭菜園的露地栽培也不至於太困難。我每年栽培約70株，收成量多到夫妻兩人都吃不完。大顆的草莓直接生吃，中顆、小顆的草莓則是加工成果醬，一整年都能享用。雖然草莓屬於多年生草本植物，不過老舊植株的結果實狀態會一年不如一年。雖然需要多費一些工，不過將植株側長出的匍匐莖發根後長出的植株，當作隔年用的幼苗更新，就能每年都穩定採收。雖然是不耐病害的作物，不過若是在越冬前能勤勞摘除枯葉，就算無農藥栽培也能減低感染。草莓對於蟲類及鳥獸而言也是充滿魅力的作物，建議要做好萬全的防除對策。

1 整地

草莓喜好日照充足的場所。若接觸到尚未完全腐熟的有機物，容易引起燒根，前一作的殘渣等應確實去除。於定植至少2週前拌入每1㎡約100㎖的苦土石灰、30㎖的草木灰、2.5kg的完熟腐葉土以及400㎖的伯卡西肥。

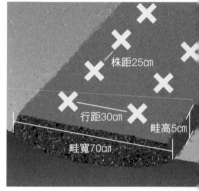

株距25cm
行距30cm
畦高5cm
畦寬70cm

2 定植

草莓的花芽具有著往匍匐莖伸長的反方向生長的特性。定植時應仔細觀察幼苗，確認匍匐莖的切口，統一相同的方向。果實也會從相同的位置並列長出，便於管理及採收。

最初可購買市售的幼苗。新莖部分選擇較厚、葉片顏色漂亮的苗株。於葉片數長出4～6片時定植。

匍匐莖
連接母株及子株的莖

新莖
冒出新芽的生長點。若埋入土中會阻礙生長，因此定植時應確實露出

3 定植後的管理

草莓不耐乾燥，定植後應大量澆水。避免田間土壤乾燥直到發根存活為止。隨著氣溫降低，葉片也會逐漸變紅枯萎。枯萎的葉子有可能會使病害蔓延，因此務必要去除。

枯葉可能成為病毒或病原菌的媒介，應全部去除。

變紅的葉片要去除。丟棄時務必丟在田間以外的地方。

4 鋪塑膠布

草莓的花芽要受到冬天的寒冷刺激才會形成。雖然放任栽培也能採收到果實，不過進入2月後再鋪一層黑色塑膠布保溫，就能長出許多花芽，增加收成量。黑色塑膠布也有保持水分及防止泥水彈起的效果。

首先鋪上黑色塑膠布，再找出每個植株的位置撕破塑膠布，將葉片拉出來。如果太早鋪設會在訪花昆蟲尚未到來前開花，因此建議2月再鋪設。

5 追肥

若要讓存活的根系繼續生長，使營養輸送至花芽的話，追肥是不可或缺的。施撒的時機點在鋪設黑色塑膠布的時候。用手指或圓鍬在植株周圍畫出格狀淺溝，接著於淺溝施撒伯卡西肥及市售的草木灰。

每1m²約80㎖的伯卡西肥及40㎖的草木灰。施撒於格狀溝槽內，再覆蓋一層薄土。

6 採收

開花40天左右果實即可成熟。雖然判斷依據為顏色，不過也會隨著品種及日照而異。最初採收的果實可當場品嚐，當作之後判斷的參考。要注意太晚採摘果實可能會出現損傷。

成熟草莓的風味是家庭菜園特有的魅力。採收適期非常短，注意別太晚採收。

7 挖採苗

採收結束後，準備栽培明年用的苗株。將田畦的黑色塑膠布拆除。從新莖部分長出的匍匐莖往道路方向誘引。新的苗株會從長根的部分陸續增加，第2苗株之後的苗株，可用來當作明年的苗株。

採收後，可於田畦旁設置育苗空間，誘導匍匐莖生長。並於此挖採隔年用的幼苗。

左）栽培自家挖採的苗株時，為預防病原菌，可用乾淨的水稍微清洗根部。
右）可將母株側的匍匐莖剪至剩5㎝，下次定植苗株時，匍匐莖的方向即可一目了然。

母株　　　第1苗株　　　第2苗株　　　第3苗株

提升採收量的小技巧❸

落葉堆肥製造法

在公園或住宅街道惹人嫌的落葉，如果堆積於田間使其分解，
就能成為很棒的有機質肥料。將收集的落葉變身為田間的寶藏吧。

落葉堆肥的特色

- 能輕易分辨熟成程度
- 只要用落葉及米糠就
  能製作
- 能發揮出優秀的基肥
  效果

落葉堆肥（腐葉土）具有兩大效果。其一是為田間的土壤帶來適度的透氣性及保水性的物理性效果。另一個則是生物性的性果。促進微生物活動的同時，也能長期且緩慢地提供蔬菜營養。作為原料的落葉不需從森林收集，街道或是公園也有大量的落葉。進入深秋後，我通常會拿著竹帚或鐵耙到附近的公園收集落葉。每年都能帶回將近150kg的落葉，在掃落葉時路過的人還會對我說「辛苦了」。不但能免費獲得優良的資材，還能受到人們的感謝，可真是一石二鳥。

※收集公園的落葉時，有可能需要經過所屬管理機關的許可。

事先準備

有些較早的樹木會從9月中旬開始落葉，不過到12月左右都能收集。累積至一定的量後，可堆入細長形的空間，放入米糠及水並踩踏。別堆積太高，可依照收集時期的順序往旁邊堆積。快的話半年後就能使用，若放置1年就能成為充分熟成的堆肥（腐葉土）。

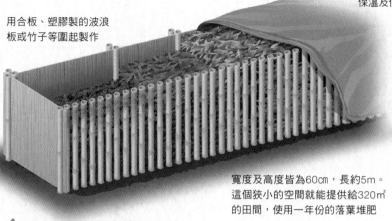

用合板、塑膠製的波浪板或竹子等圍起製作

蓋上藍色帆布，適度保溫及保濕

寬度及高度皆為60㎝，長約5m。這個狹小的空間就能提供給320㎡的田間，使用一年份的落葉堆肥

Point

可以的話於其中一側用竹子圍起，確保透氣性。在翻攪時以利好氧性發酵進行。堆積在堆肥（落葉）底部的水分也能從縫隙排出

1 製作堆肥用的空間

製作落葉堆肥的空間一整年都需要使用，所以可固定設置於田間的角落。可有效運用樹木或建築物遮蔽陽光的場所，或是有圍牆等栽培上使用不便的空間。

2 收集落葉

用竹帚或鐵耙將公園及步道上的落葉集中於一處，放入有束口袋的PP米袋中一邊壓縮。米袋不容易滑，比塑膠袋更能裝落葉。記得要去除枯枝。

適合與不適合堆肥的落葉

◎ 櫸樹、枹櫟、麻櫟

這些落葉闊葉樹的落葉，具有適度的彈力，也擁有優秀的透氣性及保水性。分解速度快，從以前就是為人所知的優良堆肥。大型櫸樹的落葉量非常多。

○ 櫻花樹、紫藤

公園常見的樹木，收集容易。葉片比櫸樹更柔軟，分解速度快。落葉的時期較早，若收集到一定的量即可盡快製作堆肥。

△ 青剛櫟、山茶花

常綠闊葉樹在公園也很常見，不過葉片較厚而且堅硬，因此分解較緩慢。就算澆水踩踏也會反彈，難以擠壓，需要花上數年才能成為優良的腐葉土。

✕ 銀杏、松、杉、朴樹

銀杏葉片的油脂含量多，會變成黏膩的堆肥。而松、杉樹則是含有會驅除微生物的樹脂成分，不適合堆肥。落葉闊葉樹的朴樹其葉片雖然是優秀的堆肥原料，但是容易混入小果實，陸續在田間長出小芽，因此也不適合。

3 放入落葉

準備乾燥的落葉5kg、米糠2kg以及水3ℓ。每次放入的量越多，發酵力就會越高。

4 加入水及米糠

不要一次全放，分成數次放入。每放入落葉後，於表面灑水濕潤葉片。接著再撒米糠，並充分攪拌。

5 用腳踩踏，蓋上塑膠布

用腳踩踏堆起的落葉，讓落葉與米糠緊密附著。蓋上藍色帆布2～3天後，分解米糠內所含有的糖分及蛋白質的發酵菌會開始活躍。當內部溫度超過40℃時就會急速發酵。要注意若是水量或踩踏的不夠，都會讓發酵熱無法上升而難以分解。

6 上下翻攪

一個月後進行第1次的翻攪。將乾燥的上半部與過於濕潤的下半部，用三齒鋤頭上下翻攪，使水分量及分解速度一致。2～3個月後進行第2次翻攪。經過2～3個月後再翻攪一次即可結束熟成。

完成

從春季至梅雨季期間，就能夠分解至這種程度。如果輕輕用手捏一下就會剝落分解，就代表已經能使用。

落葉堆肥的使用方法

全面施肥

栽培葉菜類或小黃瓜等根系較淺的蔬菜時，可拌入土壤中使用。豌豆及蠶豆等秋季播種的蔬菜，在幼苗階段可覆蓋於田畦表面。除了能保溫之外，來自於落葉中的礦物質也能從上慢慢地往根系發揮作用。

條溝施肥

茄子或番茄等根系往深處生長期間較長的蔬菜，可挖出條溝當作基肥施撒。由上往下分依照完全熟成、中度熟成的順序放置，當根系往下伸長時，落葉肥料的分解及吸收速度便能一致，延長肥料的效果。

用落葉進行食用土當歸的軟化栽培

形成堆肥前的落葉富含空氣，只要堆疊起來就有很好的遮光及保溫效果。活用此優點的就是食用土當歸的軟化栽培。當食用土當歸的地上部枯萎進入休眠時，可於上方堆疊落葉，到了春天冒出的新芽，會在無法照到陽光的狀態下往上生長，因此可栽培出苦味較少的白色土當歸。採收結束後，落葉可移動至堆肥區繼續完熟成腐葉土。

1 春天栽培幼苗

開始發芽前，栽培市售或是山上採摘的食用土當歸，持續種植1年。如果苗株較小，可以再栽培1年直到植株長大。

3 冬季用防風網圍起

以植株作為中心，在半徑40cm左右的位置架設6根支架，利用防風網搭起燈籠罩。

4 初夏採收

當最初的嫩芽冒出落葉的上半部時，即可拆除網子，從落葉中挖出軟化的食用土當歸。

2 晚秋切除地上部

到了晚秋莖部開始枯萎時，從基部切除莖部，讓養分往根部運送。

於防風網燈籠罩中堆疊落葉50cm左右過冬。可以用肥料袋蓋住避免淋雨。

5 隔年，讓剩下的新芽繼續往上生長

如果將所有的新芽採收會讓植株變得疲軟，因此只採收一半的量，並照射光線使新芽往上生長。由於新芽容易折斷，可用繩子綁住支架固定。

提升採收量的小技巧④

垃圾是寶庫 環保堆肥的製造法

如果能充分運用農地空間，生活中製造的生廚餘幾乎都能歸還土壤。
將雜草及採收後的殘渣一起發酵，就能變身為優質的完熟堆肥。

自製環保堆肥的三個特色

- 靈活地運用家中廚房的廚餘
- 同時將田間多餘的殘渣一掃而空
- 可當作肥料或是覆蓋資材

某天突然想知道家中會產生多少廚餘，因此試著都記錄下來。我們家夫妻兩人一起住，每年產生的廚餘量大約為150kg。廚餘有85％為水分，如果要將這些廚餘在焚化廠蒸發、焚燒，需要將近15kg的燃料油。在自然界中，結束壽命的動植物會經由小動物或微生物分解至元素等級，成為土壤的一部份。植物的根會吸收這些元素，生命再次循環至自然當中。每年產生的150kg廚餘當中，像是蔬菜的尾端、薯類的皮、魚頭或骨頭、雞蛋殼等，都是能被微生物分解的物質。只要借用土壤的力量，不需要花錢就能處理，而且剩下的東西還能變成為優秀的堆肥利用。如此合理的規劃方式，絕對能成為家庭菜園的樂趣之一。

將家中的廚餘當作元種（酵種）

如果是在天氣溫暖的時期，廚餘很快就會散發出惡臭，而廚餘堆肥化的首要重點，就是讓廚餘發酵不腐敗。於家中放置容量10ℓ左右，附有水龍頭的密閉容器，放入已經瀝過水的廚餘。每次放廚餘後，只要同時撒上米糠及市售的農業用發酵促進劑（微生物資材），就能讓發酵菌優先活躍，抑制產生惡臭的雜菌。雖然會散發像是米糠醃漬物的酸臭，但卻不會有腐敗的臭味。隨著發酵進行，味道也會逐漸減少，約10天～2週左右裝滿容器。以這種頻率將廚餘桶從廚房搬運至田間，再藉由自然界的微生物力量，進行第二次的處理。

1 放入廚餘

盡量瀝乾水分。香蕉皮、高麗菜心等較硬的廚餘盡量切成小塊。殘渣越小，分解的速度也越快。

3 以層狀堆積

於壓縮後的廚餘表面，撒上市售的微生物資材20㎖及米糠50㎖，蓋上蓋子。每天重複同樣的動作，讓容器中的廚餘層層疊起。

2 用力按壓去除空氣

微生物資材多為厭氧菌。像是製作米糠醃漬一樣，由上按壓排出空氣。

分離液體可成為優良的液肥

當酸味越來越明顯時，可打開水龍頭排出底層的發酵液。裝入寶特瓶中放置2個月使其熟成後，可稀釋500倍當作液肥使用。

不能放入的廚餘

魚骨頭雖然會分解，不過雞骨頭、扇貝殼、牡蠣殼會一直殘留於田間，因此不可放入。蛤蠣殼或蜆殼的話沒問題。

將廚餘及田間的殘渣混合

廚餘容器裝滿後搬到田間，與拔起來的雜草、採收後的蔬菜殘渣、秋冬收集的落葉等一起製作成堆肥。容器中經過一次發酵的廚餘，就好像製作麵包時的元種（酵種）。重點在於反覆進行沒有空氣的厭氧性發酵，以及放入空氣的好氧性發酵。蔬菜殘渣有可能會殘留病原菌。如果只是使其自然枯萎，有可能讓病原菌殘留，因此要藉由翻攪作業打造厭氧及好氧兩種發酵環境，以及藉由發酵熱來滅菌。

4 於田間準備材料

在容器內已經發酵的廚餘10ℓ，加入米糠2ℓ及稻殼20ℓ。如果沒有稻殼的話可用落葉代替。

5 堆疊材料

❶在田間的角落倒出稻殼，製作成直徑約1m的小丘。於中間的凹陷處放入發酵廚餘，再用鋤頭撥開。

❷從上方均勻施撒米糠。喜好米糠醣質的乳酸菌會先增加，抑制腐敗菌的增殖。

❸最後覆蓋田間的殘渣及雜草。粗硬的莖部分解速度比較慢而且難以處理，建議事先分開。

6 補充水分

於堆積的殘渣上方均勻倒入廚餘桶份量的水。可以倒入清洗容器的水。

7 鋪上藍色帆布

可以鋪上舊的藍色帆布擋雨，也具有保溫的作用。有適度的孔洞比較能排出水蒸氣以及發酵產生的氣體，維持良好環境。

8 翻攪 2 次

經過1個月後，可用鋤頭將整個堆肥上下翻攪。將厭氧性發酵替換成好氧性發酵，藉此急速地分解植物纖維。如果出現黏膩感時，可以再加一些稻殼或落葉。接著蓋上帆布，1個月後再次上下翻攪。

用這三座小山輪替

在第2次翻攪後掀開帆布。放置1個月之後，就能當作完熟堆肥使用。每3～4個月一個循環製作三座堆肥小山，就能剛好輪替，安定生產堆肥。

還能當作覆蓋資材

廚餘堆肥除了追肥之外，還能當作覆蓋資材使用。肥料成分的濃度不高，因此適合豆科蔬菜。於生長初期覆蓋於畦上，就能緩慢發揮肥料效果同時防除雜草。

第 2 章

葉菜類

菠菜等食用葉片的蔬菜、
青花菜等食用花蕾的蔬菜,
以及蘆筍等食用莖部的蔬菜。

大花蕾之後
繼續栽培小花蕾

青花菜一般來說是食用長在主莖上的頂花蕾。比起頂花蕾，我更著重在頂花蕾採收後，由側莖長出的側花蕾。不但大小方便食用，甜味及柔軟度更勝頂花蕾，完全吃不膩。而且隨著春天到來，能不斷長出長期採收。若要採收大量的側花蕾，重點就在初期階段的肥料分配。施撒從速效性到緩效性共3種類型的肥料，促進生長的同時，也能避免側花蕾在採收期間缺肥。

青花菜

栽培計劃（一般地區）　■ 定植　■ 採收

1	2	3	4	5	6	7	8	9	10	11	12月

留下1～2株活力的植株。
發芽約1個後就能定植。

1 育苗

像青花菜這種夏季播種的蔬菜，在幼苗期的水分管理非常困難，因為水分不足而枯萎的例子也不少，因此推薦用軟盆來育苗。搬運方便，可以在家中管理。體積小巧，防蟲也能簡單進行。

若天氣還持續炎熱，應放置於樹蔭下等陰涼位置。

將用舊的防蟲網切成小片，放在3號盆（直徑9㎝）的底部，接著將土壤過篩放入盆中。灑水澆濕後，於每盆播種3顆種子。蓋上不織布，防止乾燥及蟲害。約4～5天後會開始發芽。

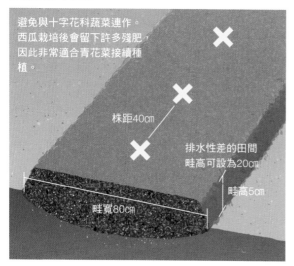

2 整地

青花菜是肥料高需求的蔬菜。如果想栽培出大量的側花蕾，不只是肥料量，發揮作用的方式也是栽培重點。基肥使用速效性的伯卡西肥、中效性的牛糞堆肥，以及緩效性的腐葉土共3種，於栽培期間持續供給養分不間斷。

避免與十字花科蔬菜連作。西瓜栽培後會留下許多殘肥，因此非常適合青花菜接續種植。

株距40cm

排水性差的田間畦高可設為20cm

畦高5cm

畦寬80cm

於定植至少1週前拌入每1㎡約50㎖的苦土石灰、2.5kg的腐葉土、2.5kg的牛糞堆肥以及800㎖的伯卡西肥。

3 定植

雖然長出3～4片本葉後就可以定植，不過等到長出5～6片的幼苗更耐乾燥。定植前植株充分吸水，將幼苗輕輕從軟盆取出，避免根團鬆開，定植於深約10cm的植穴中。

如果幼苗徒長容易折斷，可稍微種深一點。

剛定植後可於每株施灑6倍稀釋的發酵雞糞液肥（P.8）200㎖，灌水的同時也能促進根系存活。

生長初期要注意切根蟲

十字花科蔬菜共同的天敵就是切根蟲（球菜夜蛾的幼蟲）。在夜晚出沒，從基部啃食幼苗使幼苗斷裂。

挖掘受害苗株附近的土壤，偶爾能找到藏起來的切根蟲。一旦發現應立刻捕殺。

定植後立刻搭起防蟲網。除了能對付啃食葉片的蝶蛾幼蟲（紋白蝶）外，也能預防乾燥。

4 追肥及培土

青花菜的總收成量與植株的大小成正比。大片的外葉越往外伸展，根系的生長狀況也越好，莖部也比較粗。雖然側花蕾會越採收越小，不過可藉由追肥與培土長期採收較大的花蕾。

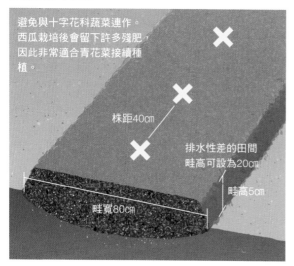

第1～2次　於植株周圍施撒追肥

第1次的追肥是在定植3週後。於植株外圍挖一條淺溝，每株放入200㎖伯卡西肥後覆土。3週後施撒同樣的量。

植株上部會逐漸變重，因此施撒追肥的同時進行培土，預防倒伏。可將土壤堆成山形，安定植株。

第3次　田畦兩側施撒追肥

當頂花蕾的直徑長到5㎝左右時，進行第3次的追肥。茁壯的植株會超越田畦邊緣，而根系也會隨著伸長（左），可於畦的兩側挖出條溝，施撒每株約100㎖的伯卡西肥（下）。

5 採收

如果錯過採收適期，花蕾便會缺乏彈力，甜味也會隨之消失，因此在花蕾呈現深綠色且緊緻的時候採收。將長在主莖的頂花蕾切除後，營養就會運輸至側莖，使側花蕾變大。植株在茁壯且仍有肥料的狀態下，會逐漸長出側花蕾。

頂花蕾的莖部較硬，可以用菜刀或是小刀切除。只要削除厚硬的皮，莖部也能夠食用。

頂花蕾採收經過一段時間，會由側芽長出側花蕾。

照片右側是用以下的方法採收的側花蕾。完全不會輸給左邊的頂花蕾。

採收豐碩側花蕾的方法

如果想採收許多小巧的側花蕾，可從藍線位置切除頂花蕾

如果想採收大一點的側花蕾，在收成頂花蕾時應盡量從下側切除（紅線部分）。保留4～5片葉子。

長出2～3根較粗的側芽，繼續長出較大的側花蕾。

白花椰菜

目標鎖定在
栽培出巨大的花蕾

花椰菜與青花菜的祖先（野生甘藍）相同。而花椰菜是從先出現的青花菜演變而來。常見的品種為純白色，近年來也出現各種顏色，甚至還有類似羅馬花椰菜（寶塔花椰菜）外觀的品種。栽培方法與青花菜相同，不過在採收頂花蕾後，無法像青花菜長出這麼多側花蕾。因此將栽培目標集中於頂花蕾。外側葉片越大，植株本生的生長勢越強，就越能長出碩大的花蕾。株距及行距比青花菜的栽培更寬，設定為60㎝。追肥及培土等管理也與青花菜一樣。不長側花蕾會有比較多的殘肥，不過只要當成後一作的肥料利用即可。

當本葉長出5～6片時定植幼苗。當然也可以用市售的幼苗。

直徑生長至15～20㎝即可採摘。儘早採收的風味會較佳。

當花蕾生長至拳頭大小時，可用繩子將下方葉片包起。用葉子蓋起來能避免花蕾曬傷，維持漂亮的白色。偶爾可以打開葉片確認生長狀況。

高麗菜

栽培計劃（一般地區）　　　■ 定植　　■ 採收

| 1 | 2 | 3 | 4 | 5 | 6 | 7 | 8 | 9 | 10 | 11 | 12月 |

配合時期定植
藉由追肥栽培出漂亮的結球

高麗菜是有機、無農藥栽培中難度較高的蔬菜。尤其容易遭到病蟲害攻擊。就算病蟲害情況趨緩也不能立刻安心。經常會因為生長延遲，使高麗菜在沒有結球的狀態入冬。我有好多次遺憾的經驗，不過卻也值得挑戰。採收碩大而且緊實的結球麗菜時的喜悅，是無法取代的。預防幼苗時期的害蟲危害，再加上足夠的肥料，到生長緩慢的低溫期為止讓外側葉片生長，就能順利結球。育苗雖然不難，但失敗後就算重新播種大多都來不及。這時候不妨換個想法，直接購買市售的幼苗栽培。

1 整地

高麗菜不適合連作，建議使用一段時間沒有栽培十字花科蔬菜的田間。另外，高麗菜是鈣需求量高的作物，可以的話應事先測土壤pH值。如果偏酸性（pH6.0以下）可多施撒一些苦土石灰。

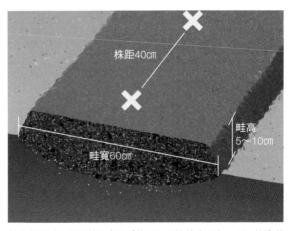

株距40cm

畦高
5～10cm

畦寬60cm

於定植至少1週前拌入每1㎡約100mℓ的苦土石灰、3kg的腐葉土、1.5kg的牛糞堆肥以及800mℓ的伯卡西肥。

2 育苗、定植

生長緩慢會引起結球不良，所以要在夏季播種。和青花菜一樣用黑軟盆栽培（P.72）。雖然長出4～5片本葉後就能定植，不過等到6～7片再定植較容易發根。

本葉長出4片以上再定植。

定植後於每株施灑發酵雞糞液肥（P.8）6倍液200mℓ，促進存活率。

植穴的深度配合軟盆土壤的位置及畦的高度栽培。

購買幼苗時，選擇葉片沒有折斷或變黃的苗壯植株。幼苗越健康就越能順利生長。

高麗菜不耐蟲害，務必要搭起隧道式防蟲網。

3 追肥及培土

為防止北風及霜害，可於北側堆起防風用的土堆。

高麗菜的結球是從外葉累積的養分生長而來。

培土時如果傷到莖葉會讓生長不良，應多加注意。

想要栽培出又大又柔軟的高麗菜，最重要的就是生長期間不能夠缺肥。於最後的結球增大階段施用追肥。追肥只要1次即可，不過時機點很重要。在開始結球前，長出9～10片本葉時進行更有效果。

用移植鏝於植株周圍挖出深5cm的溝，於每株施撒100㎖的伯卡西肥並覆土。順便進行培土，安定植株。

4 採收

結球後用手指從正上方用力壓看看。如果具有堅固的彈力，就表示中間已經飽滿結實。如果還很柔軟代表結球尚未完整，可再觀察一陣子。結球小卻緊實的話也可以採摘。

用菜刀從植株基部切除，連同外葉一起採收。外葉用來燉煮也很美味。

注意如果採收太慢，會讓內部無法承受生長壓力而破裂。

栽培密技！

用芽插再次採收

高麗菜本來就屬於多年生的植物。在採收了健康的植株後，根系仍然繼續存活。當春季採收後的莖部長出側芽時，可以將側芽切下吸水數小時，再扦插至土壤。存活率非常高，到了8月還能再次採收。

大白菜

栽培計劃（一般地區）

1	2	3	4	5	6	7	8	9	10	11	12月	

■ 播種　■ 採收

於適期播種
利用疏苗的幼苗長期採收

大白菜的栽培準備與高麗菜一樣，都是從殘暑仍然炎熱的時期開始。也因為是代表性的冬季蔬菜且容易悠閒栽培，不過如果沒有在適當的時機點育苗，就無法充分結球。大白菜的結球大小是由外葉的大小來決定，盡量避免太晚播種，注意蟲害及土壤乾燥，讓幼苗能在溫暖的時期度過生長前半段。雖然大白菜耐保存，不過如果利用間拔苗錯開栽培，延長採收期間，就能長期享受採收新鮮白菜的樂趣。

1 整地

如果栽培於前作同樣是栽培十字花科蔬菜的位置，會容易出現根腐病，因此應要盡量避免。於播種至少1週前，深耕的同時拌入每1㎡約50㎖的苦土石灰、2.5kg的腐葉土、1.5kg的牛糞堆肥以及400㎖的伯卡西肥。

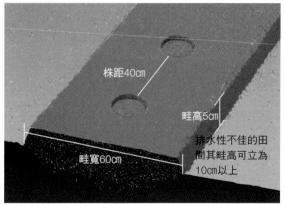

株距40cm

畦高5cm

排水性不佳的田間其畦高可立為10cm以上

畦寬60cm

將基肥事先混合後再拌入土壤會比較輕鬆

2 播種

於畦中央挖出直徑15cm、深1cm的寬淺穴，並且以40cm為間隔。於淺穴中等間隔播5～6粒種子後覆土。輕輕地澆灑大量的水。可搭起隧道式的防蟲網比較安心。

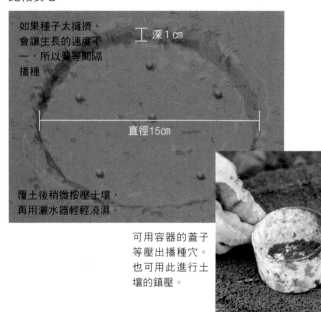

如果種子太擁擠，會讓生長的速度不一，所以要等間隔播種

深1cm

直徑15cm

覆土後稍微按壓土壤，再用灑水器輕輕澆濕。

可用容器的蓋子等壓出播種穴。也可用此進行土壤的鎮壓。

3 疏苗

播種約1個月後，本葉長出4片的程度時，留下生長狀況最佳的幼苗，並將次佳的幼苗移植至其他的田畦。其他的幼苗可摘除。重新栽種會暫時停止生長，所以就算是同一天播種，採收期也會往後延。

留下1株沒有徒長，生長勢最好的幼苗。移植用的次佳幼苗，挖掘時應小心不要傷到根系。

4 追肥及培土

與高麗菜一樣，在天氣變寒冷前的外葉生長狀況，決定了結球的大小。當本葉長出10〜12片時，可施加追肥促進結球，並且培土讓植株垂直生長。

於植株周圍挖出深5cm的溝，於每株施撒50㎖的伯卡西肥並覆土。接著再施撒3倍稀釋的發酵雞糞液肥（P.8）200㎖後培土。

葉片直立，開始結球。

5 採收

葉片往內捲至沒有空隙，用手指試著按壓到堅固的結實感就可以採收。也可以參考種子包裝上寫的天數。就算延遲採收，也不會像高麗菜一樣破裂，不過要注意如果長期遭受寒冷也容易受傷。

甜味會隨著寒冷增加

稍微將植株往旁邊壓，用菜刀在接近地面的位置切下。

栽培密技!

如果沒有結球的話，就等待抽薹

太晚播種、病蟲害、土壤障礙、營養不足等原因也有可能造成不結球。將這樣的植株保留至早春，使中間往上生長的花莖抽薹，就能採收食用。在各種十字花科蔬菜當中，大白菜花莖的美味可謂是屈指一數。

可能比油菜花更美味

於能夠用手輕鬆折斷的位置摘下。

油菜花

栽培計劃（一般地區） ▨播種 ▨採收

| 1 | 2 | 3 | 4 | 5 | 6 | 7 | 8 | 9 | 10 | 11 | 12月 |

到冬天為止栽培出高大植株
不斷採收柔軟且粗圓的莖部

油菜花是在世界各地多達3000以上品種的十字花科蔬菜中，食用花芽（薹）部分的蔬菜品種總稱。許多種苗公司紛紛推出花莖粗且多汁，而且收成量多的品種。採收主莖後，就會像青花菜一樣不斷長出側芽結花蕾，因此能長期採收。雖然容易出現蚜蟲，不過只要在氣候回暖的初期確實做好防蟲對策，之後就能活力生長。

1 整地

油菜花喜好排水良好、明亮的場所。雖然肥量的需求量高，不過如果基肥含有太多的氮，會容易出現蚜蟲，因此可藉由2次追肥來調控。於播種至少1週前，拌入每1㎡約100㎖的苦土石灰、2.5kg的腐葉土，以及400㎖的伯卡西肥。

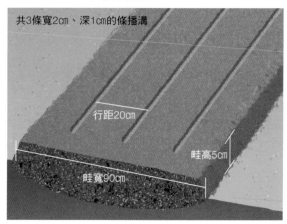

共3條寬2cm、深1cm的條播溝

行距20cm

畦高5cm

畦寬90cm

2 播種

雖然油菜花的種子非常小而費工，不過發芽率卻很高。如果隨意亂灑，在發芽後的疏苗作業將會非常辛苦，應以每2～3cm的間隔播1粒種子。播種後於條溝覆土並且輕輕鎮壓，澆大量的水。

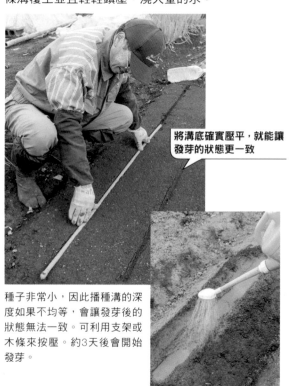

> 將溝底確實壓平，就能讓發芽的狀態更一致

種子非常小，因此播種溝的深度如果不均等，會讓發芽後的狀態無法一致。可利用支架或木條來按壓。約3天後會開始發芽。

3 疏苗

長出3～4本葉時進行疏苗。拔除高密度部分的苗或是衰弱的苗,使苗株間距為20cm左右。如果太慢疏苗會影響到之後的生長。疏苗的同時可以進行第1次的追肥。

如果有相同長度的木棒,就能有便於進行等間隔疏苗。施用追肥時,將每株100ml的伯卡西肥施撒於植株基部。半個月後再以相同的量進行追肥。

在間拔起的幼苗當中如果有苗壯的苗,也可以移植到田畦的邊緣。雖然生長會落後,不過卻會從栽培後期開始長花芽,所以能夠享受長期採收的樂趣。

4 採收

日本關東南部大約在11月下旬,就會長出最初的花芽。採收時使用剪刀剪下,保留2片下葉,就能長出側莖(側芽)。配合移植苗的錯開栽培,大約能持續採收4個月。

花蕾準備開花前的時期最美味。

側莖可直接用手折下採收。可輕鬆折斷的部位上方皆可食用。

保留2片下葉切除主莖,就能讓側芽長出繼續採收。

西洋油菜 (野良坊菜)

西洋油菜是在日本關東武藏野地區,從過去栽培至今的一種油菜花品種。具有極佳的耐寒性及生命力,貧瘠的土地也能生長。風味也廣受好評。整個側莖都能食用,像是花椰菜苗一樣品嚐。

其栽培方法和油菜花一樣。主莖的花薹生長至30～40cm時從植株基部切下,再陸續採收之後長出的側莖。

栽培密技!

在中午前採種

在十字花科蔬菜當中,西洋油菜比較不容易出現雜交情況,因此可以採種。保留1～2株採種用的植株,移植到其他位置等待開花。

將成熟的種莢於仍然濕潤的中午之前,連同莖部一起剪下。放入塑膠袋中乾燥,就算種莢裂開也能防止種子亂散。

芥末菜

生吃發揮本領，
芥末風味的辛辣感

芥末菜是由芥菜改良而來的品種，雖然葉片的裂紋尖銳，口感卻非常柔軟，可以搭做沙拉生食。帶有類似芥末、鼻腔一閃而過的芥辣味。因為是生命力頑強的芥菜親戚，所以非常強健。雖然一整年都能栽培，但仍建議在害蟲較少的秋播栽培。葉片老化會變硬，生長較快的植株可整株拔起採收，或是由下依序採收葉片。

1 播種

於播種至少1週前，拌入每1㎡約100㎖的苦土石灰、2kg的腐葉土以及100㎖的伯卡西肥。

行距20cm，共播種三條（溝寬2cm，深1cm）以1cm的間隔條播
畦高5cm
畦寬80cm

2 採收

芥末菜是食用幼苗期的蔬菜，因此建議疏苗的同時進行採收。苗株數量逐漸減少的後期，可由下往上採收葉片。稍微密植栽培，就能讓莖部的白色與綠葉呈現漂亮的對比。

勝男菜

加熱後呈現出
有如柴魚般的風味

原本是在日本福岡縣栽培的蔬菜，因為風味佳，近年來家庭菜園也越來越多人栽種。在十字花科蔬菜當中體積較大，皺摺狀的深綠色葉片雖然看似乾硬，不過加熱後會變得柔軟，味道也很豐郁。很適合搭配柴魚高湯，尤其適合用來煮湯喝或做成涼拌菜。容易遭受到蟲害，播種後需要搭防蟲網。

1 育苗後移植

勝男菜的植株會往旁擴展，建議育苗後定植。本葉長出2～3片後間拔較弱的植株，長出本葉4～5片時以株距30cm定植於田間。於定植至少1週前，拌入每1㎡約100㎖的苦土石灰、2.5kg的腐葉土及400㎖的伯卡西肥。

株距30cm
行距30cm
畦高5cm
畦寬70cm

2 採收

盡量栽培至葉片變大後再採收。從葉子基部用剪刀採收。

芝麻菜（火箭菜）

有如芝麻般香氣的
義大利蔬菜

芝麻菜如今已經成為沙拉中的常見生菜。雖然在超市的價格不便宜，但其實栽培方法簡單且不易有害蟲。具有香氣，只要一些就能為料理增添風味，所以如果田間有一些空間就能有效活用。從幼苗時期就帶有濃郁的風味。栽培後期長出的花蕾帶有甜味，非常好吃。

1 播種

於定植至少1週前，全面的拌入每1㎡約100㎖的苦土石灰、1kg的腐葉土、100㎖的伯卡西肥及100㎖的發酵雞糞。

條溝深1cm
以1cm的間隔條播
行距15cm
畦高5cm
畦寬80cm

2 採收

長出2片本葉時進行最初的間拔，本葉6片時進行第2次的間拔採收。

植株越大根系就會彼此纏繞，因此不要連根拔起，用剪刀採收即可

小松菜的菜心可謂絕品。非常柔軟鮮甜。

種子以1cm的間隔播種。長出2～3片本葉時進行第一次疏苗。本葉4～5片時進行第2次疏苗。

小松菜

耐熱耐寒，幾乎一整年當中都能栽培，不過秋天播種較容易栽培，風味也佳。從播種最快30天就能採收，不論哪個生長階段都能美味食用，可以先間拔起較大的植株採收。早春抽薹後的菜薹（菜心）也很美味，可刻意保留植株栽培。

尾端變得結實且厚度足夠時就可以採收。

進行2次疏苗。本葉長出2～3片時，疏苗至株距2～4cm，本葉4～5片時疏苗至株距6cm左右。

青江菜

口感鮮脆，加熱後顏色非常鮮綠。過去只侷限於中華料理，由於味道非常好，如今已成為家中餐桌的常客。雖然有種說法是青江菜需要大量的氮肥，莖部才會肥大，不過標準葉菜類的施肥量就很足夠。施肥過量反而容易導致害蟲，也會出現雜味。

要讓基肥充分地發揮效果，使植株能迅速生長，是栽培出莖葉清脆口感的訣竅。

進行2次疏苗。從12月開始搭隧道棚

水菜

不論火鍋或沙拉都很適合。小株的水菜其莖葉都非常柔軟，大株則帶有鮮脆的口感。植株隨著生長會不斷地分蘗，長成大植株時葉柄甚至會超過100根。拉寬植株間距栽培以避免葉片重疊，就能讓植株繼續分蘗。好不容易栽培大的植株，若在田間生長過久會變太硬，應注意採收時機。

適合沙拉的紅葉品種應避免太晚採收。

進行2次疏苗。從12月開始搭隧道式塑膠棚架保溫。

芥菜

芥菜是十字花科蔬菜中，辛辣成分黑芥酸鉀（sinigrin）含量較多的品種總稱。有各式各樣的葉片形狀、顏色及植株外觀，近年來葉片呈現細小鋸齒狀的沙拉用品種很受歡迎。建議疏苗採收，趁著還是嫩葉時食用。紅葉品種的色素及辛辣成分會因為加熱而消失，因此推薦生吃。

半結球萵苣

栽培計劃（一般地區）　　　■播種　■採收

1	2	3	4	5	6	7	8	9	10	11	12月

夏季播種的葉菜類推薦。
長期採收用途多的葉片

韓式烤肉常見的生菜，是半結球萵苣的一種。葉片非常大而且有彈性，就算包食材也不易破裂。除了烤肉之外還能用來捲起司或培根，成為兼具外觀及營養的配菜。摘除下葉能讓莖部階段性往上生長，逐漸長出新的葉片。如果能隨著生長依序由下採收利用，就能長期間享受採收樂趣。要特別注意它較不耐彈起的污泥引起的葉片病害。雖然比較耐蟲害，不過從夏至秋季增加的蟋蟀及蚱蜢會啃食葉片。如果想栽培出漂亮的葉片，建議要搭防蟲網。

1 播種

雖然市面上也有販售幼苗，不過半結球萵苣很耐移植，適合用來學習育苗。將田間的角落當作苗床，製作深0.5～1cm的溝，將事先冷藏處理的種子播下後，蓋一層薄土並鎮壓。

以1cm間隔條播。覆土0.5～1cm。輕輕灑充分的水。

2～3天後發芽。長出2～3片本葉時，間拔過於密集的部分。

栽培密技！

打破休眠再播種

萵苣的種子超過25℃就會進入休眠，降低發芽率。夏季播種時，可放入納豆盒等容器內吸水2小時，再用沾濕的面紙包起來，放入冰箱冷藏。

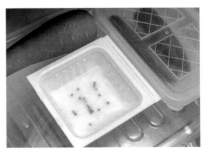

放在蔬菜冷藏櫃2天再播種，就能充分提高發芽率。

2 定植

於定植至少1週前，全面拌入每1㎡約100㎖的苦土石灰、1.5kg的牛糞堆肥、400㎖的伯卡西肥。由於採收期長，所以也要充分放入緩效性的腐葉土及牛糞堆肥。

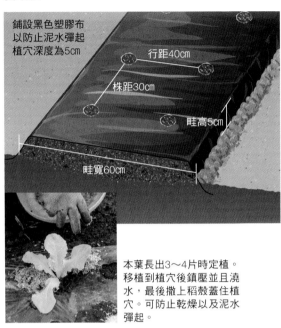

舖設黑色塑膠布以防止泥水彈起
植穴深度為5㎝
行距40㎝
株距30㎝
畦高5㎝
畦寬60㎝

本葉長出3～4片時定植。移植到植穴後鎮壓並且澆水，最後撒上稻殼蓋住植穴。可防止乾燥以及泥水彈起。

3 採收

當下葉生長至足夠的大小即可採收。剩下的小葉片會隨著莖部的伸長繼續長大，會連續長出葉片。只要依序摘下葉片，就能不斷採收至12月。當葉片不再長大而且變硬時，就代表栽培期結束。

葉片生長速度變慢的時候，可於每棵植株施撒500㎖的發酵雞糞液肥（P.8）6倍稀釋液。

趁葉片柔軟時享用

持續採收能讓莖部不斷伸長變粗。

結球萵苣

萵苣類原本就偏好冷涼氣候，較不耐高溫多濕的環境。雖然是高原蔬菜本身的特性，不過只要遵守幾點，就算在平地也能生長。重點是在梅雨季前結束採收。如果在葉片開始內捲的栽培後期，環境高溫多濕的話，就很容易會出現軟腐病或是霜霉病等常見的病害。在適當的生長階段即可開始採收。

1 播種

建議用隧道式的保溫苗床於2月播種。長出2片本葉時進行最初的疏苗，使株距為4～5㎝，之後間拔過於密集的部分。

全面舖設透明塑膠布
苗床的長度為1m
苗床的寬度80㎝

2 定植

施肥量與半結球萵苣相同。於田畦舖設洋蔥用的黑色塑膠布，在每個植穴中栽種挖起的幼苗。本葉長出4～5片時，為定植的適期。寒冷時期可用透明塑膠布架設隧道棚保溫。

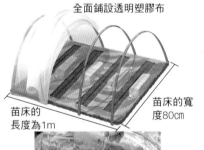

於透明塑膠布上割出間隔20㎝，寬度10㎝，長度40㎝的長條形。於露出的土壤中央挖出播種條溝，以1㎝間隔播種。

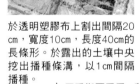

用手指壓看看，葉片柔軟就是正適合食用的狀態

3 採收

從較早的階段就能美味享用，因此不需要過於追求結球，應趁葉片柔軟時採收。如果結球後仍繼續放任生長，葉片不但會變硬，也容易因為病害而腐爛。

提升採收量的小技巧 ⑤

只要一個鐵桶就能製作的萬能伯卡西肥

伯卡西肥是由營養價值高的米糠、油粕、魚粉等發酵而來的複合性肥料。
雖然市面上也有販售，不過原料分別都買得到，所以能自己簡單製作。

此肥料的特色

- **不需要翻攪，而且不佔空間**
- **能運用到廚房多餘的食材**
- **不長蟲，不發臭**

雖然右頁上方所提到的資材都是肥料的原料，但是如果直接拌入田間會產生強酸及氣體，在定植前需要事先拌入一段時間才能避免傷到作物的根系。伯卡西肥的「伯卡西」就是稀釋、溫和化的意思。事先讓肥料充分發酵，避免土壤中出現強酸、氣體伴隨的激烈微生物反應。將各種資材混合，均衡供給氮、磷、鉀這三大營養素，以及必要的微量元素。另外，每種原料的營養價值都很高，所以伯卡西肥具有速效性。定期整理廚房時，發現過了保存期限的麵粉、零食、出現蟲子的豆類，或是結塊而無法使用的砂糖等材料，都能夠有效活用。

基本材料及特徵

以米糠為基礎，搭配具有營養特徵的肥料資材加以組合。不論哪種材料都能在連鎖家用五金店買到。

米糠……讓發酵菌能迅速增殖。富含磷酸

油粕……含有大量的氮

魚粉……富含礦物質。也含有氮、磷

雞糞……富含磷酸、鉀、鈣

草木灰……富含鉀（製作方法在P.121）

1 準備材料

將米糠3kg／油粕2kg／草木灰500㎖／魚粉1kg（雞糞也可）／有的話可加入過保存期限的麵粉等（1kg）／水1ℓ／市售的農業用微生物資材（就算不加也會自然發酵）。

2 放入材料

將水以外的材料放入發泡箱等容器中。只要是大型而且耐用的容器都可以。底部不要太深以便作業。

3 攪拌

用移植鏝將容器中的材料攪拌均勻。

4 加水

先倒入800㎖的水。充分攪拌，將結塊壓碎。建議戴手套避免雙手變得粗糙。攪拌至看起來有點乾，但是握住會稍微呈現手指狀的程度即可。如果水分不夠時，可以慢慢增加。

5 密封

放入鐵桶（可在家用五金店買到）一般按壓，裝滿為止。排除空氣以促進厭氧性發酵。

6 保管使其熟成

蓋上蓋子，若氣溫較低可放入隧道棚中保溫。春天過後避免放置於直射陽光的場所。約4個月後熟成就能使用。只要出現有如優格般的酸味就OK。

完成

呈現粉碎狀是理想的狀態。水分太多會有酸臭味。繼續追熟能提高速效性。

鴨兒芹

栽培計劃（一般地區）
播種：3月下旬～6月上旬
採收：6月下旬～10月中旬

田間的角落總是難以利用。直角或周圍的環境，無法長時間照射到日光，正好非常適合栽種鴨兒芹。和市面上的軟化栽培產品相較之下，雖然露地栽培的鴨兒芹莖部較短，不過香氣跟味道都足以比擬野生種。發芽後首先進行第1次的間拔採收，待疏苗至適當密度時再剪下採收即可。屬於多年生草本植物，只要保留根系，就能年年採收。

1 播種

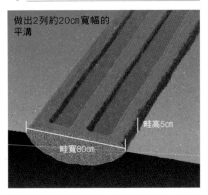

做出2列約20cm寬幅的平溝

畦高5cm
畦寬80cm

在預計要播種的位置，事先耕土20cm深度並且充分拌碎。於播種至少2週前，拌入每1㎡約60㎖的苦土石灰、3kg的腐葉土、400㎖的伯卡西肥並且整平。

茗荷

栽培計劃（一般地區）
定植：3月中旬～4月下旬
採收：隔年6月下旬～8月下旬

茗荷也是喜好半日照的作物。我通常會種在大樹下的遮陰處，活用死角空間。只要根系存活幾乎就能放任不管。反而還要擔心生長勢太強。務必栽種於田間的角落，生長過於旺盛時可連同根部去除，以免越界。

1 定植

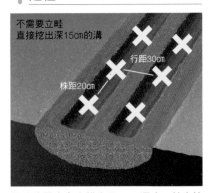

不需要立畦直接挖出深15cm的溝

行距30cm
株距20cm

栽培位置應事先耕土至20cm深度。於定植至少2週前，拌入每1㎡約60㎖的苦土石灰、2kg的腐葉土、300㎖的伯卡西肥。

茼蒿

栽培計劃（一般地區）
播種：9月上旬～10月上旬
採收：10月中旬～11月下旬

茼蒿分成從接地面長出側枝的「側生型（大葉品種）」，以及大量長出側芽的「直立型（細葉品種）。」前者適合整株採收，後者則是摘芯後可採收長大的側莖。想要長期享受採收樂趣的人建議栽培後者。雖然發芽狀況會有點差異，不過只要事先泡水使發芽抑制物質溶出，就可以提升其發芽率。

1 播種

吸水一整晚就能洗去發芽抑制物質。於播種至少1週前，在田間拌入每1㎡約100㎖的苦土石灰、1.5kg的牛糞堆肥及400㎖的伯卡西肥。

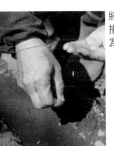

將吸水一整晚的種子散播於條溝之中。密度約為1cm。

種子非常小，所以可以覆蓋薄薄一層的土壤。建議使用篩網。

大約在20℃左右開始發芽。為防止乾燥，可以蓋上寒冷紗或不織布。

2 採收

葉片容易曬傷的炎夏可用寒冷紗遮光。

割下採收後，也會繼續長出來

本葉長出2～3片時進行第1次間拔，長出4～5片時第2次間拔。疏苗的同時可施灑發酵雞糞液肥（P.8）的6倍稀釋液當作追肥。首先間拔採收，如果突然急劇生長時，可用剪刀從植株基部剪下採收。

如果苗株彼此互相連接，可切分成20cm的大小。

將根系舒展於栽種溝條中，覆蓋10cm的土。茗荷喜好潮濕的環境，可覆蓋落葉或稻草防止乾燥。

2 採收

第1年幾乎不會長花蕾，所以從第2年的夏天才能開始採收。

採收於夏～秋季從地面長出的花蕾。

2 採收

採摘葉片
❶長出12片左右的本葉時，可保留3～4片下葉，摘除主莖。
❷長出的側莖生長至10cm以上時，可趁鮮嫩狀態陸續採收。

當夜晚氣溫下降至5℃後，可搭起隧道式塑膠棚架保溫。到了3月可拆除。能一直採收到抽花薹為止。

長出花蕾的枝條可採收至開花為止

紫蘇

栽培計劃（一般地區）
定植：4月下旬～6月上旬
採收：6月中旬～9月下旬

生命力相當旺盛的紫蘇。就算放任不管也能生長，不過如果想栽培出更大並且更柔軟的葉片，應栽種於充分耕土而且肥料確實發揮效用的土壤，也能提高香氣。紫蘇的用途廣泛，青紫蘇能當涼麵、生魚片的佐料或是煎餅。紅紫蘇則是醃梅子的天然色素或煮成果汁，非常適合用來消暑。

1 定植

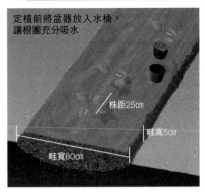

定植前將盆器放入水桶，讓根團充分吸水

株距25cm
畦高5cm
畦寬60cm

於定植至少1週前，均勻拌入每1㎡約50㎖的苦土石灰、3kg的腐葉土及200㎖的伯卡西肥。使用市售的盆苗。

長蒴黃麻

栽培計劃（一般地區）
定植：5月上旬～6月中旬
採收：7月中旬～10月中旬

隨著氣溫上升而旺盛生長的夏季蔬菜。看起來有益身體的深綠色葉片，加熱後會產生獨特的黏性，可以促進食慾。栽培的重點在於葉片茂密生長的炎夏，只要注意不要缺水以及肥料，就能栽培出又大又柔軟的葉片。

1 定植

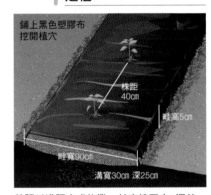

鋪上黑色塑膠布挖開植穴

株距40cm
畦高5cm
畦寬90cm
溝寬30cm 深25cm

基肥以溝肥方式施撒。於定植至少1週前，在田畦挖好的溝條拌入每1㎡約100㎖的苦土石灰、2.5kg的腐葉土及200㎖的伯卡西肥並覆土。以40cm間隔栽種苗株。

巴西利（歐芹）

栽培計劃（一般地區）
播種：3月中旬～5月上旬
採收：6月～隔年4月（冬季要做好保溫）

巴西利通常用來點綴炸物等，經常給人裝飾的印象，但其實是非常棒的香味蔬菜。尤其是採收適期的巴西利極富香氣，口感也很柔軟。推薦料理是用橄欖油炒培根巴西利，與麵包或白飯都很搭。巴西利喜好陽光，肥料的需求量也高，應避免忘記追肥。

1 播種

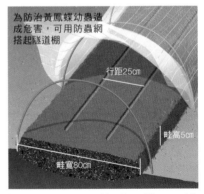

為防治黃鳳蝶幼蟲造成危害，可用防蟲網搭起隧道棚

行距25cm
畦高5cm
畦寬80cm

於播種至少1週前，拌入每1㎡約100㎖的苦土石灰、2kg的腐葉土、200㎖的伯卡西肥及100㎖發酵雞糞液肥。種子以1cm的間隔條播。將種子泡水一整天，再用沾濕的面紙包覆2天，就能促進發芽率。

2 採收

只要放入足夠的基肥就能放任生長，不過仍要勤除草。採收時要用剪刀連同莖部剪下，如果離回家還有段時間的話，可以插在水中帶回去。

紫蘇籽醃漬醬油超美味

栽培到了後期植株開始長出花穗，將花穗用醬油醃漬可謂絕品。採收種子尚未變硬的綠色花穗，泡水半天去除澀味。瀝乾水分浸泡於醬油中，3天後就能配飯享用。

植穴深度為10㎝。定植後按壓根部周圍，並於每株注入200㎖的發酵雞糞液肥（P.8）的6倍稀釋液，促進存活率。

2 採收

兼用灌水的液肥，為葉片注入活力

高度生長至60㎝時摘除主枝。並同時於每株施撒2ℓ的發酵雞糞液肥3倍發酵液。之後每20天施撒相同的量。長出側芽後依序採收葉片。莖部則是從手指能簡單折斷的部分摘取。

覆蓋寒冷紗以防止乾燥直到發芽為止。

發芽需要10～20天。

2 採收

於發芽2個月及3個月後，於各條間大量施撒發酵雞糞液肥的3倍稀釋液。除草及中耕也要頻繁進行。植株生長至一定程度後，就能隨時採收。從分枝的莖部前端用剪刀剪斷。

用剪刀採收。保留基部5㎝左右就能再次生長。

剪下變硬的老舊葉片（右），採收重新長出的葉片（左）。

菠菜

栽培計劃（一般地區）									■播種		■採收
1	2	3	4	5	6	7	8	9	10	11	12月

每年能栽種 6 次的便利蔬菜。
如果追求風味的話，可秋播冬收

我每年都會播種6次菠菜的種子，如果想要好好栽培有以下幾個重點。首先是酸鹼度的調整。菠菜如果生長在偏酸的土壤就會長不好。一般而言都建議放入多一點石灰質資材，不過菠菜並非喜好鹼性，而是適合pH6.0～7.0程度的弱酸性。雖然用來當作pH調整劑的石灰作用很重要，但若放入的量多到讓土壤發白，反而會引起生長不良。此外，菠菜的發芽速度較不一致，所以建議選擇經過發芽促進處理的種子。秋季播種的失敗率較低，當葉片接觸寒冷也能增加甜味，不過在真正寒冬來臨前要讓植株充分長大，因此追肥也要確實施加。

1 整地

放入基肥前，可稍微耕地並且用酸鹼度計測量土壤的pH值。如果未滿pH6.0可多放一些苦土石灰。拌入基肥後，預防萬一應再次用酸鹼度計測量土壤的狀態。

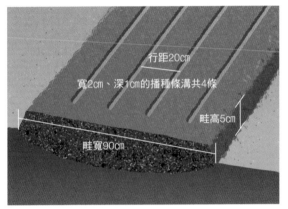

行距20cm

寬2cm、深1cm的播種條溝共4條

畦高5cm

畦寬90cm

於播種至少1週前，均勻拌入每1㎡約100㎖的苦土石灰、2.5kg的腐葉土及400㎖的伯卡西肥。

2 播種

最初推薦各間種苗公司販售、經過發芽促進處理的種子。話雖如此，發芽也會受到氣溫及土壤水分很大的影響。播種後應大量澆水。剛下完雨的濕潤土壤也是理想的播種時機。

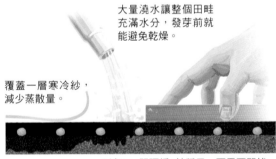

大量澆水讓整個田畦充滿水分，發芽前就能避免乾燥。

覆蓋一層寒冷紗，減少蒸散量。

以每3cm間隔播1粒種子。不需要間拔。

（左）表皮經過削除披衣處理的種子。原本菠菜的種子表面非常粗糙。

（右）播種後於條溝覆蓋厚約1cm的土，用力按壓。夯實土壤能增加保水力，不容易乾燥。可以使用方形木條均勻按壓。

加工處理的種子較少
缺株。約10天後就能
均勻發芽。

3 發芽後的管理

當天氣變冷生長速度就會變慢，因此要在溫暖時期栽培至一定程度的大小。本葉長出3片時進行追肥。就算地上部的生長緩慢，根系從這個時期開始變大伸展，所以效果會慢慢出現。

❶施撒每1㎡約300㎖的伯卡西肥，並於植株基部培土
❷同時將發酵雞糞液肥（P.8）的3倍稀釋液倒入行間。每1㎡施撒600㎖以上。肥料對於往側面伸展的側根也能夠發揮作用

發芽後可以拆除覆蓋於地面的寒冷紗，替換成防蟲網的隧道棚。天氣轉涼時可用透明塑膠布搭起隧道棚保溫。

葉片細長而且直立生長，就是生長良好的證明

4 採收

每個階段的風味都具有不同特徵

本葉長出6～7片就能採收。從生長良好的植株開始，依序整株拔起採收。多出空間後，旁邊的植株會陸續長大。葉柄非常柔軟易折斷，可用手支撐整棵植株，並用剪刀從根基部剪下。

栽培密 技 !

寒締菠菜的栽培方法

每到新年總是會在市面上看到所謂的「寒締（遇冷）菠菜」。其實這並不是特定的品種，而是將栽培方法品牌化而來。當氣溫下降至零度以下時，菠菜為了防止體液凍結，而將糖分當作「不凍液」大量儲存於葉片及莖部。只要了解原理，就算是家庭菜園也能栽培中甜味豐厚的菠菜。

❶ 延遲播種

❷ 保溫促進生長

❸ 漸進式接觸寒冷

遇冷處理的準備大約從12月下旬開始。本葉長出6～7片時，可將保溫用的隧道式塑膠棚架慢慢捲開，讓冷空氣進入。一週之後可將塑膠布完全撤除，維持到2月上旬。葉片也會因此變得較厚。

蘆筍的美味受到一致認可。然而，如果要自己栽培的話，可是相當費工的蔬菜。如果從種子開始栽培，到第一次採收需要整整3年的時間。如果從苗株（市售的根株）開始雖然可大幅縮短時間，但仍需要2年。雖然是需要耐心的蔬菜，但因為是多年生草本植物，只要植株長大就能每年採收。如果肥料足夠，在同樣的位置甚至能持續採收10年以上。大苗（大植株）的話，栽種隔年春天雖然能長出還可以的莖部，但數量非常少，頂多只是試吃的程度，建議還是專注於植株的養護。一旦栽種就會佔同一位置數年之久，所以栽種場所要謹慎考量。

蘆筍

栽培計劃（一般地區）　　　▨ 定植　　▩ 採收

| 1 | 2 | 3 | 4 | 5 | 6 | 7 | 8 | 9 | 10 | 11 | 12月 |

1　整地

蘆筍為多年生草本植物，根系會整面延展，因此建議栽培於不會影響到其他作物的角落。於定植至少1週前，拌入每1㎡約100㎖的苦土石灰、3kg的腐葉土、200㎖的發酵雞糞及200㎖的伯卡西肥至深度50cm的位置。

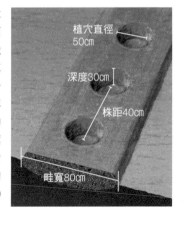

植穴直徑 50cm
深度30cm
株距40cm
畦寬80cm

2　定植

如果想要在隔年春天品嚐的話，應選擇較大的植株。長時間放在店內的植株，其根系有可能會乾枯，或是在塑膠袋中悶熱使根系變黑等，應該要儘早選購狀態佳的苗株定植。

栽種位置太淺
會讓根系乾枯

於植穴（直徑50cm×深30cm）的底部將土壤堆成山丘狀，讓根系以放射狀展開。頭頂部在距離地面5cm的位置覆蓋土壤。根株不耐乾燥，定植後每株澆灌3ℓ的水。可覆蓋一層約10cm的稻殼、稻草或落葉，防止凍害

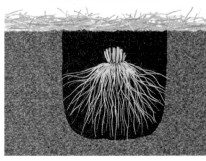

3 第1年

蘆筍的生長適溫範圍意外地廣，從北海道到沖繩都能栽培，不過亞熱帶以南的地區由於地上部不會枯萎，所以植株（地下莖）的壽命較短。另一方面，在溫帶以北當氣溫下降後地上部枯萎，植株會休眠到春天。因為這樣的循環，就能數年都採收到粗又甜的水嫩莖部。蘆筍的栽培重點就是第一年盡量避免採收，集中在培育植株就可以。

蘆筍

春 採收嫩莖

出芽前就施撒追肥。3月下旬～4月上旬（於日本關東南部栽種時）移除保溫資材，於每株施撒100mℓ的發酵雞糞並覆蓋一層薄土。冒芽（嫩莖）後，可採收手指粗細大小的2～3根蘆筍試吃（栽培大植株時）。之後的嫩莖不論粗細都要保留不採收。不過如果有保留5～6根較粗的莖部，夏天之後冒出的細莖即使採收也無坊。

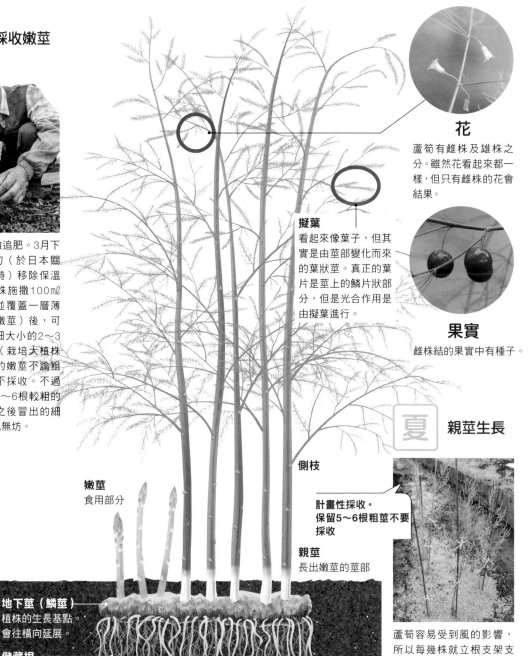

花
蘆筍有雌株及雄株之分。雖然花看起來都一樣，但只有雌株的花會結果。

果實
雌株結的果實中有種子。

擬葉
看起來像葉子，但其實是由莖部變化而來的葉狀莖。真正的葉片是莖上的鱗片狀部分，但是光合作用是由擬葉進行。

夏 親莖生長

側枝

計畫性採收。保留5～6根粗莖不要採收

親莖
長出嫩莖的莖部

嫩莖
食用部分

地下莖（鱗莖）
植株的生長基點。會往橫向延展。

儲藏根
往縱向發展的粗根。專門儲藏養分。

吸收根
由儲藏根延伸的細根。專門吸收養分。

蘆筍容易受到風的影響，所以每幾株就立根支架支撐，防止莖葉倒伏。當颱風接近時應用繩子將整棵植株固定於支架上。蘆筍也不耐乾燥，採收前後可再次鋪上稻殼。

讓親莖枯萎
（促進養分流動）

最晚應該在年底前將
所有枯枝割除

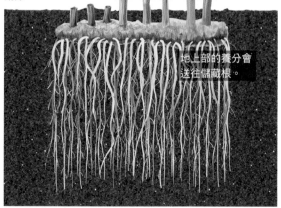

為預防病害，應將
枯萎的地上部全數
割除。

地上部的養分會
送往儲藏根。

隨著氣溫下降，莖葉的顏色也會轉黃。雖然代表著光合作用
結束，不過這並非單純枯萎，而是會將地上部累積的糖分運
輸至準備要休眠的儲藏根。這叫做「養分轉移」，如果太早
割除莖葉會讓植株來不及轉移，應等待至完全枯萎為止。

每棵植株的養分轉移時期
各異，應從完全枯萎的植
株開始割除。

地上部割除乾淨的
狀態。地下的根進
入休眠。

鋪一層落葉或稻殼防
寒，也能讓隔年的新
芽提早冒出。

---

4 第 2 年之後

定植進入第2年後，根株便會加速生長。雖然採收→
立莖→割除的循環一樣，如果要穩定採收粗度足夠
的莖部，就必須要頻繁施撒追肥。幾乎不長害蟲，
但仍要持續注意風引起的倒伏及夏季乾燥。

整理莖葉

第3年以後，如果擔心因
為太茂密而倒伏時，可
將頂端摘心，使植株高
度調整至140cm左右。側
端的頂芽也一併整理，
促進通風及日照。

嫩莖冒出

第1年的採收痕跡

地下莖往橫向延展，
植株逐漸變大

第2年春天逐漸長出更粗的莖

和第1年一樣，保留5～6根較粗的莖使其往上生長。為防止倒伏，可於數根莖的中間架設支架，再用繩子固定

往不希望繼續擴展的方向長出的嫩莖，可全部採收

第2年之後不只是春天，連夏天都能採收。

蘆筍不耐過濕及乾燥。夏天在植株缺乏活力時進行澆水。

追肥為春夏秋三次

蘆筍是肥料需求度高的蔬菜。定植的時候基肥會在第1年被吸收殆盡，因此第2年之後的春、夏、秋共進行3次追肥。第1次在出芽前的3月下旬。每株施撒腐葉土750g及發酵雞糞100㎖於植株上方，並覆蓋一層薄土。第2次為6月下旬。每株施撒發酵雞糞200㎖於植株基部。同時將腐葉土500g覆蓋於植株周圍（腐殖質的供給與防止乾燥）。最後一次追肥在地上部割除後。於距離植株30㎝的畦兩側挖出深15㎝的條溝，每株施撒腐葉土2.5kg、發酵雞糞及伯卡西肥各200㎖後覆土。

栽培密技！

也能從種子開始栽培

市面上也有販售蘆筍的種子。尤其是進口的種子能找到不常見的特殊品種。由根株開始的栽培已經步上軌道後，挑戰育苗也很有趣。不過難度非常高。剛發芽的蘆筍有如細絲般細，非常不耐乾燥。另外，也很難以與雜草競爭，經常不知不覺消失在田間。但是只要撐過第1年，成功率就能大幅提高。

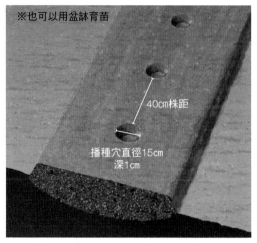
※也可以用盆缽育苗

40㎝株距

播種穴直徑15㎝
深1㎝

於定植至少2週前，均勻拌入每1㎡約40㎖的苦土石灰、1.5kg的腐葉土及200㎖的伯卡西肥。

❶ 播種

於淺穴中均勻播種5顆種子並覆土。輕輕按壓後，澆大量的水。當葉片彼此碰觸到時，可保留苗壯的3株，其餘間拔。發芽不到3株的話可全數保留。

❷ 定植

於梅雨季來臨前挖起，移植至田畦（立畦及肥料比例與大植株栽培一樣）。預設可能會有缺株情況，因此株距設定為30㎝。

移植完成後施灑大量水分，避免根部乾燥。

❸ 定植後的管理

到了秋天割除地上部，使植株過冬。隔年也不要採收，努力栽培植株。到第3年後就能採收嫩莖

蘆筍

大蔥

栽培計劃（一般地區）　　　　播種　　定植　　採收

| 1 | 2 | 3 | 4 | 5 | 6 | 7 | 8 | 9 | 10 | 11 | 12月 |

統一苗株大小，經常培土
藉由追肥栽培出粗又長的蔥

料理的種類廣泛的蔥類，是非常值得栽培的蔬菜種類。其中大蔥的葉片不會往橫向發展，即使是狹小的面積也能栽培出大量的蔥。雖然市面上也有販售苗株，不過出現的時期非常短，因為最近很流行家庭菜園的關係，經常會因為銷售一空而扼腕。種子的話隨時都能購買，不妨選擇自己喜愛的品種試著育苗。訣竅在於定植時要統一苗的粗細，盡量避免生長差異過大。定植後經常培土及追肥，專注將白色部分培育成粗又長。大蔥不喜好過於潮濕，排水較差的田間應立出高畦。夏天也要確實除雜草。

1 育苗

播種的準備應從2月中旬開始。將種子放入30℃左右的溫水中浸泡，再放置於暖氣前等溫暖場所2天，確認是否有發根。於苗床拌入每1㎡約100㎖的苦土石灰、3kg的腐葉土、200㎖的伯卡西肥與200㎖的發酵雞糞。

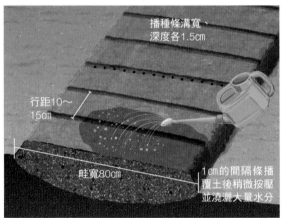

播種條溝寬、深度各1.5cm

行距10～15cm

畦寬80cm

1cm的間隔條播
覆土後稍微按壓
並澆灑大量水分

播種條溝可用支架壓出來。種子以1cm的間隔播種。種子太濕的話難以分開，可等稍微乾一點再播種。

幼苗非常細小。發芽時如果附著土塊會彎曲而讓生長不一致，所以建議覆土用的土要過篩後再使用。

播種後可於地面覆蓋不織布，再用透明塑膠布搭起隧道棚保溫。幼苗期不耐乾燥，地面一旦乾燥就要澆水。到了4月中旬可將塑膠布拆掉。5月後半生長狀況較佳的苗株，高度大約可達30～40㎝，約鉛筆的粗細度（照片）。

2 定植

當植株高度達30㎝，基部粗細度與鉛筆相同時可挖起分類。將苗依粗細度分組，相同粗細度定植於同一列。由此可避免生長差異過大，使苗株生長一致。先拔起較粗的苗，剩下的細小苗可再栽培一下再定植，也能錯開採收時期。

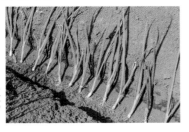

以3㎝的間隔直立放在條溝中，於根基部覆蓋一層薄土

挖掘條溝時的土壤集中在一側

定植條溝寬15㎝

混合每1m²苦土石灰50㎖、腐葉土750g、發酵雞糞100㎖以及100㎖的伯卡西肥，拌入條溝底部的土壤。

深約15～20㎝

為防止土壤乾燥及幼苗倒伏，於覆土後的根上方可覆蓋稻草或枯草。再覆蓋一層薄土避免風吹雨打。

3 定植後的管理

大蔥如果放任不管，只有綠葉部分會旺盛生長，無法長出白色部分。因此最重要的作業就是培土。到9月下旬為止應進行4次，將挖溝時的土回填至苗株分蘗（分岔部分）下方，讓莖部能往上生長。

若太早培土會有反效果。第1次培土應在存活後的40～50天後。追肥後填土。第2次應在2～3週後，同時也進行除草。

第2次的培土

第1次的培土

用米糠當作追肥。於溝槽內每1m²約施撒200㎖。米糠發酵產生的成分，具有讓大蔥變甜的作用。培土後可施灑大量的發酵雞糞液肥（P.8）3倍稀釋液兼作灌水用。第3次培土在3週後。第4次則在1個月後。追肥也要確實施撒。

4 採收

大蔥最棒的地方就是無論哪個生長階段都很好吃。較細的時候可當作青蔥用來佐料。大蔥則是從11月底開始出現鮮甜美味。當綠色葉子當中開始累積有如果凍般的黏液時，就是進入最美味的時期。

下仁田蔥也是一種大蔥，特色是粗短的莖部。具有強烈甜味。

韭菜

栽培計劃（一般地區）

播種	採收

1　2　3　4　5　6　7　8　9　10　11　12月

第1年努力栽培植株，從第2年開始正式採收

日本市售的韭菜大多來自於高知縣或櫪木縣等產地，因此韭菜經常會帶給人栽培困難、專業農家才會栽培的印象。實際上是非常健壯而且容易栽培的作物，一旦長根就能連續割除採收。而且在同一塊地數年連續使用植株也不會疲軟。韭菜的美味度和口感成正比。栽培時如何讓葉片變厚而且柔軟，這時候的重點就在於肥料的比例。越柔軟的韭菜其甜味也越強烈。炒菜、煮湯、涼拌等，不論哪種料理方式都很美味。有從根株開始栽培，以及從種子開始育苗的方法，不論使用哪種方式，栽培的第1年比起採收更應以培育植株為優先。

1 育苗

韭菜的種子泡水2天有助開啟發芽機制，不過種子扁平而且表皮含有油脂，所以很容易浮在水面。可放一搓肥皂粉，就能讓種子沉到底部。

於苗床以10㎝間隔挖出深1㎝的播種條溝，以1㎝的間隔播種。覆土並輕輕按壓。澆大量的水後用透明塑膠布搭起隧道棚。發芽後生長至5～6㎝時，可間拔至株距2㎝。

2 定植

定植的依據是幼苗的長度達到15～20㎝左右。定植時於左右15㎝外側挖出條溝，於條溝內每1㎡施撒100㎖的苦土石灰、1.5kg的腐葉土、200㎖的發酵雞糞及400㎖的伯卡西肥，再覆蓋10㎝左右的土。

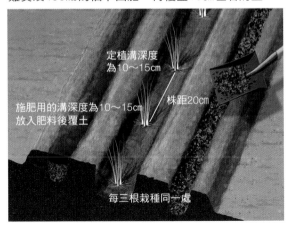

定植溝深度為10～15㎝

施肥用的溝深度為10～15㎝
放入肥料後覆土

株距20㎝

每三根栽種同一處

用移植鏟從苗床挖起，盡量避免切到根系。

每3根為一組，延展根系栽種。

3 定植後的管理

若日照不足就無法栽培出健壯的植株，因此要注意較高的雜草。若不敵與雜草的競爭就會變成弱勢，應仔細拔草。栽培市售苗株可從第1年開始採收，自家育苗的話第1年先別採收，專心培育苗株即可。

在6月下旬與9月上旬追肥。施撒發酵雞糞液肥（P.8）3倍稀釋液，直到植株周圍的土壤濕潤為止。同時進行培土，以防止根部乾燥兼具除草作用。

韭菜的根系較淺，容易受到凍害，因此可用落葉或稻殼保溫，再於地面鋪一層寒冷紗。

到了冬天地上部枯萎後施撒禮肥（為明年春天準備的肥料）。於植株兩側挖出10cm左右的溝，放入每1㎡約1.5kg的腐葉土、200㎖的發酵雞糞及400㎖的伯卡西肥並覆土。

2月中旬開始冒芽，從5月開始即可採收。

4 採收

雖然鱗莖增加需要相當的時間，但只要植株足夠苗壯，3～4年內都不需要換植。割除的時候保留地面2cm左右的高度，再過10天～2週就能再次生長，重複採收。如果太晚採收而變硬的葉子，可割除更新。

生長勢強的話約10天即可生長至20cm

生長至20～30cm左右時即可隨時割除

用剪刀或鐮刀割除，並保留距離地面2cm左右的高度

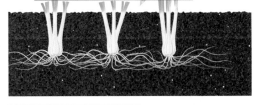

由春至秋季期間，每株可採收5～6次

進入夏季後葉片容易變硬，9月上旬應割除更新植株，長出柔軟的葉片。

- 栽培密**技**!
分株長年採收

雖然韭菜一旦栽培後就不需要費工，但是在同樣位置持續栽培的話，會因為植株疲軟而難以長出品質較佳的葉片。因此建議每3～4年移植一次。將挖起的結塊鱗莖分開，於其他田畦以每3根一處重新栽種。移植的時機點為冬天。

3根小苗經過4年之後的鱗莖會長成這樣。

大蒜

於適期栽培，讓肥料發揮效用
培育出飽滿的大蒜

如今日本國產的大蒜已經成為高級品。種球（種蒜）和其他蔬菜苗相較之下也非常昂貴。然而只要實際栽培過就知道，大蒜的栽培其實並不難。尤其用有機栽培而來的大蒜香味及風味都很獨特。家庭菜園絕對要挑戰看看。雖然獨特的氣味及辛辣成分是為了防禦外敵，但也說不上是強健的蔬菜。一旦染上紅鏽病很快就會枯萎。好不容易種下飽滿的種球，卻出現生理障礙現象，只能栽培出令人失望的小球。大蒜的栽培須注意栽種時期、肥料的內容、乾燥及寒冷對策等事項。

1 整地

大蒜是肥料需求量高的蔬菜。由於生長期間長，雖然基肥多一點較好，不過氮元素太多容易引起病蟲害。若是出現病害很有可能是養分過多，可以減少追肥量。

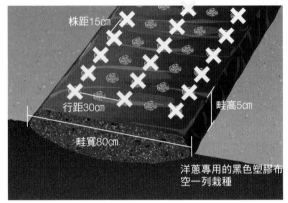

株距15cm
行距30cm
畦高5cm
畦寬80cm
洋蔥專用的黑色塑膠布空一列栽種

於定植至少1週前，拌入每1㎡約100㎖的苦土石灰、2.5kg的完熟腐葉土及400㎖的伯卡西肥。

2 定植

大蒜雖然是越冬的蔬菜，但是並不耐寒。進入嚴寒期會因為寒冷而讓葉片前端枯黃。春天雖然會長出新葉，但會對初期生長產生影響，因此建議用黑色塑膠布來保溫。

常見的方式是種球帶皮栽種，不過近年來會將皮剝光栽培。能提早發芽，讓蒜球變的更飽滿。

植穴深度為5～6cm。
前端部分確實埋入土中

當氣溫超過25℃的時候，大蒜就會停止生長。越快發芽就越能延長生長期間，以累積更多的營養。

3 移植後的管理

大蒜從早春開始準備分球，在冬天雖然根系會生長，但如果土壤中的水分太少就會讓根系無法順利伸展，甚至會引起生理障礙。雖然黑色塑膠布能稍微抑制水分蒸散，不過在田畦與黑色塑膠布間鋪一層完熟落葉堆肥會更有效果，地面溫度也能上升。

當發芽狀態差不多一致時，可以拆除黑色塑膠布。鋪上完熟腐葉土，再將黑色塑膠布恢復至原來的位置。

於生長最後階段由中間長出的花莖，會用到一部分原本要運送至球莖的營養，因此要將花莖摘除。也能當作「蒜薹（大蒜芽）」使用。

❷春天隨著氣溫上升，葉片數也會隨之增加，由根部大量吸收養分及水分。

黑色塑膠布能提高保溫性及保水性，還能預防泥水彈起造成的病害。

第1次的追肥在12月下旬。從植穴注入每株約100㎖的發酵雞糞液肥（P.8）的5倍稀釋液。

❸鱗片像是包覆莖部般肥大，最後變成一顆鱗莖。

莖部在潮濕的狀態下採收，容易在保存的時候受傷，建議選擇在連續天晴的日子採收。

❶在冬天，地上部的生長雖然會停止，但根系仍會慢慢伸展。

肥料確實發揮作用的植株看起來非常茁壯

4 採收

大蒜的莖葉將儲存的養分運輸至蒜球，同時慢慢枯萎。如果太早採收會讓蒜球不夠飽滿，應等待葉子全都枯萎再拔起。不過太晚採收也可能會使蒜球受傷，所以在進入梅雨季前要結束採收。

採收後切除根系去除泥土，接著將莖的上半部切除。用繩子束起，吊掛在通風良好的屋簷下乾燥保存。

**在適當的大小越冬，
用 3 次追肥培育飽滿球莖**

洋蔥是餐桌上不可或缺的存在，在超市等也總是佔據著固定的位置。雖然是常見的蔬菜，但家庭菜園想要栽培意外地困難，我自己也失敗了好幾次。困難的部分是幼苗剛定植後，有可能會無法發根而枯萎。也可能是因為不使用農藥栽培的關係，不過後來漸漸地發現原因是基肥放得太多。「洋蔥不喜歡酸性土壤」、「球莖是否飽滿會受到肥料的影響」因為看到這些資訊，而在一開始放入大量石灰或氮較多的肥料，反而會引起根部腐爛。最近我自己歸納出的結論是「石灰適量就好。氮肥要等根系存活再用追肥補足即可」。

洋蔥

栽培計劃（一般地區）　　　　■定植　　■採收

| 1 | 2 | 3 | 4 | 5 | 6 | 7 | 8 | 9 | 10 | 11 | 12月 |

1 整地

洋蔥的苗雖較耐寒，不過在寒冷地區根系容易受到凍結的影響，因此建議使用具有保溫作用的黑色塑膠布。於定植至少2週前，拌入每1㎡約100㎖的苦土石

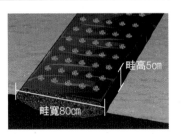

畦高5cm
畦寬80cm

使用株距、行距為15cm的洋蔥專用黑色塑膠布。

灰、3kg的腐葉土、200㎖的發酵雞糞及100㎖的伯卡西肥，翻土至深30cm。

2 定植

最初建議購買市售的苗。太粗的苗會容易出現抽薹或分球的情況。太細的苗則是容易在越冬過程中枯萎，就算安全過冬球莖也還是會非常小。定植前應再次區分，去除差異過於極端的苗株。

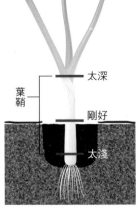

太深
葉鞘
剛好
太淺

在葉鞘部分的一半深度栽種。綠色葉子分岔部分為生長點，如果埋進土裡會讓葉片數量無法增加，生長緩慢。

專為定植洋蔥製作的棒子。葉翹部分的中間剛好是7cm，因此用相同長度的節信記號。將棒子垂直插入黑色塑膠布的植穴中間再拔起，接著放入苗株。若事先用灑水壺澆水，就能避免植穴崩落。

3 定植後的管理

以日本關東南部地區為例，在11月中～下旬栽培的苗株，到了3月中旬只會長出3片本葉。之後氣溫上升，會迅速增加根系及葉片，植株也會長高。可配合生長施加具有速效性的追肥，栽培出肥大的球莖。

在越冬前後共進行3次追肥

在球莖開始肥大前，應培育出葉片顏色濃綠、葉片數量多的大植株。因此分別在12月下旬、1月下旬、2月下旬進行3次追肥。可說是讓球莖肥大的加強劑。之後則不再施肥，以預防病蟲害的發生，或若是球莖的腐敗。

追肥時使用土壤滲透性佳的發酵雞糞粉末。每個植穴施撒50㎖。也可以用發酵雞糞液肥（P.8）的3倍稀釋液，每個植穴50㎖。

從黑色塑膠布的植穴放入植株基部，再用竹片與表面土壤混合。

地上部的活力與球莖的大小成正比

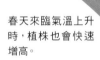

春天來臨氣溫上升時，植株也會快速增高。

雜草會吸收養分，在採收前都應鋪著黑色塑膠布。

到了4月下旬球莖開始肥大。球莖的厚度與葉片數會成正比。

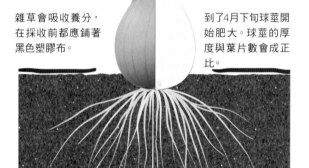

在冬季期間，根部也會慢慢往土壤中伸展。

季節限定，家庭菜園才能享受的樂趣

採收洋蔥葉

洋蔥的葉片非常厚且甜，具有和大蔥不同的魅力。球莖太小的苗株，可趁著葉片仍然柔軟時盡早先採收。做成涼拌、煎蛋或壽喜燒都很美味。

洋蔥是很脆弱的蔬菜

洋蔥很容易感染苗立枯病、萎黃病、霜黴病、軟腐病等病害。不使用農藥的有機栽培，雖然要完全抑制病害並不簡單，但只要提高土壤的排水性，以及避免早春的肥料吸收太快，就算出現病害也能抑制到輕微的程度。

4 採收

洋蔥的採收徵兆很明顯。當原本直挺活力的莖葉倒下時，就是營養已經確實運輸至土壤中球莖的證明。在潮濕的狀態下保存容易發霉或受損，建議在連續晴天的日子採收。

同樣品種的話，莖部大多在相同時機倒下。當整片畦的莖葉都倒下時，可用手緊緊握住莖基部，慢慢拔起

紅紫色的品種適合沙拉生吃

如何長期儲藏？

洋蔥在採收後若立刻乾燥，就能讓外皮變成具有光澤的褐色。形成保護膜，可防止病原菌進入內部，同時保持內部水嫩。雖然也可以吊掛在屋簷下，不過我通常會切掉葉片及根部，先攤開放在通風良好的遮陰處，等外皮乾燥後再放入籃子中，於家中陰涼處保管。

栽培密技！

自己育苗更有趣

在市面上也能買到洋蔥種子。品種比苗株更多，能挑選自己喜愛的品種。已經知道如何用購買的苗栽培後，接下來一定要挑戰看看自己育苗。洋蔥的品種會根據地區有適合及不適合的類型。是否容易抽薹也和定植的時期有關。如果能掌握品種的特性，反而從種子開始栽培可能比較容易成功。

用方形木條將表面壓平，按壓出行距10cm、深5mm的條播溝。每粒以1cm間隔播種。再將土壤過篩覆土。

每個苗床可育苗不同的品種。推薦早生、晚生及紅紫這三個品種。

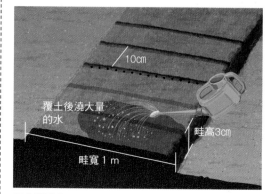

10cm

覆土後澆大量的水

畦高3cm

畦寬1m

育苗期間為50～55天。可從定植預計日往回推算，製作苗床播種。

當本葉長出2～3片時，將過於密集的部分間拔，再用寒冷紗搭起隧道棚防止乾燥。

9月上旬播種，到了11月紛紛長出幼苗。選出比鉛筆稍微細一點的苗。

當植株高度到達5cm時進行追肥。於苗床全面施撒發酵雞糞液肥（P.8）的6倍稀釋液。追肥只要1次即可。

薤（蕗蕎）

栽培計劃（一般地區）		定植	採收

1　2　3　4　5　6　7　8　9　10　11　12月

想要栽培出肥大的鱗莖
基肥及追肥都要足夠

薤苗[1]是蕗蕎早期採收狀態的名稱。名字類似的珠蔥[2]是原產於歐洲的一種小洋蔥，雖然同樣都是石蒜科，但是和蕗蕎親緣關係較遠。剛開始於市面上流通時也被叫做珠蔥，為了避免與小洋蔥混淆，因此才改名成薤苗。野味性強烈，植株苗壯且幾乎沒有病蟲害。能藉由分球增加鱗莖（大約可增加至10個），但如果要栽培出肥大的鱗莖，需要足夠的肥料量及培土作業。培土還能讓莖基部也軟白化，增加口感。

譯註：
※1. 此處原文為「エシャレット（esharetto）」，為日本自有的稱呼。
※2. 原文為「エシャロット（eshatotto）」。

1 整地

由於薤是生長的同時增加鱗莖，因此肥料如果太少或是栽培的間隔太窄，就會讓根系無法充分伸展，栽培不出肥大的鱗莖。株距及行距都要足夠，基肥也要充分混入土壤中。

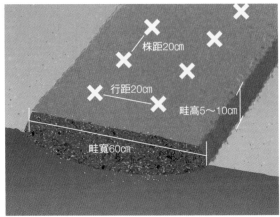

於定植至少1週前，拌入每1㎡約70㎖的苦土石灰、2kg的腐葉土、2kg的牛糞堆肥、400㎖ 的伯卡西肥並充分拌勻。

2 定植

薤是肥料需求量多的蔬菜，栽培的秘訣就是在定植的時候，除了基肥之外再分別於每個植穴中放入輔助肥料。不過，尚未發酵成熟的有機質肥料，如果在結塊的狀態下直接碰觸到根系下方，會引來蚯蚓聚集引誘鼴鼠前來。務必使用完熟的肥料。

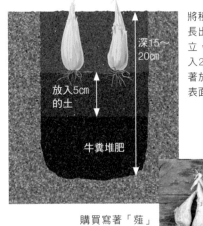

將種球較細那側（會長出芽那側）往上直立，於每個植穴中放入2片種植。如果橫著放會讓芽較慢冒出表面。

購買寫著「薤」的種球。

用移植鏝挖出植穴（直徑、深各15～20cm），於每個植穴放入200㎖的牛糞堆肥，接著再覆蓋5cm厚的土。接著再定植種球。

3 追肥及培土

給到認為「真的需要這麼多嗎？」程度的肥料量即可。生長初期需要較多的時間，所以要借助肥料的力量，在變冷之前確實培育地上部及根系。

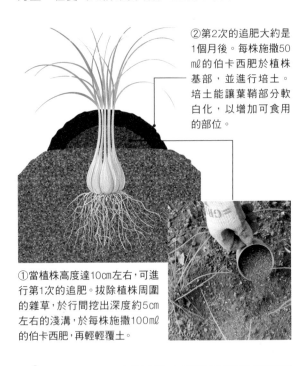

②第2次的追肥大約是1個月後。每株施撒50㎖的伯卡西肥於植株基部，並進行培土。培土能讓葉鞘部分軟白化，以增加可食用的部位。

①當植株高度達10cm左右，可進行第1次的追肥。拔除植株周圍的雜草，於行間挖出深度約5cm左右的淺溝，於每株施撒100㎖的伯卡西肥，再輕輕覆土。

4 採收

只要好好栽培地上部，可食用部分也能增加

蕗蕎類的植物每到夏天地上部會枯萎休眠，並於秋至春季生長，所以是在春天採收。當植株的葉片長度到達20～30cm時，即可依序採收利用。葉片枯萎前應將所有的植株挖起。

沾味噌直接啃可說是最棒的下酒菜

根系充分伸展的鱗莖。培土讓可食用部位增長。

栽培密技！

順便栽培黃蔥

和蔥類似的黃蔥，整地及定植的時期與蕗蕎一樣。栽培方法也幾乎相同，如果有剩餘空間的話，即使在同一個田畦栽培也可以。黃蔥主要是食用從種球往上生長的地上部，所以不需要穴肥。

種球可以在市面上買到。將每瓣分開使用。

植穴深度為5～6cm

追肥及培土和薤的時機及量相同。

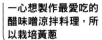

一心想製作最愛吃的醋味噌涼拌料理，所以栽培黃蔥

當植株高度達20～30cm即可採收。可整株挖起，或是於距離地面3～4cm處割除採收，之後會再長出新芽。

第 3 章

根菜類

胡蘿蔔等食用根部的蔬菜，
以及馬鈴薯等食用地下莖的蔬菜。

重點是早期催芽及
防止乾燥的深植

芋頭是日本自古以來栽培至今的蔬菜。雖然是適合高溫多濕環境的作物，不過與原產地熱帶亞洲地區相較之下，日本的氣候仍然還是有些嚴苛。儘管炎夏的氣溫適合芋頭，但卻不耐乾燥，如果連續幾天都不下雨，植株就會失去活力變得奄奄一息。對於這樣的特性，我的芋頭栽培有2個對策。其一是藉由保溫促進提早發芽，進入高溫期前盡量讓植株長大，根系伸長至深處。另一個就是確保土壤的水分。挖出深一點的定植溝，放入大量的腐葉土等分解緩慢的腐植質，為土壤帶來有如海綿的效果，提高保水力。

芋頭

栽培計劃（一般地區）　　　　■定植　■採收

| 1 | 2 | 3 | 4 | 5 | 6 | 7 | 8 | 9 | 10 | 11 | 12月 |

1 整地

如果是像台地這種原本保水力就差的農地，可挖出深約25cm的深溝，以利根系吸水。於定植至少2週前，拌入每1㎡約60ml的苦土石灰、1.5kg的腐葉土、1kg的牛糞堆肥、200ml的伯卡西肥後再挖溝。

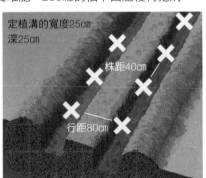

定植溝的寬度25cm
深25cm

株距40cm

行距80cm

2 定植

種芋如果直接定植，在地面溫度上升至足夠之前，會無法開啟發芽開關。因此可用保麗龍箱代替溫室，待新芽冒出後再定植即可。大約可提早1個月的生長進度。

於保麗龍箱放入腐葉土，將種芋的底部朝下埋起，再鋪一層1cm厚的稻殼。蓋上塑膠布，放置於溫暖的場所。

發芽後即可放入田畦的溝底。覆土至稍微蓋住新芽的程度，並於每株的植株基部放入事先混合的腐葉土800g及伯卡西肥100ml當作置肥。腐葉土也有助提升保水力。

3 追肥及培土

❶ 根據生長狀況進行 2 次追肥

第1次的追肥是在長出4～5片本葉時進行。於植株基部施撒每1株約100㎖的伯卡西肥，在覆蓋土壤。第2次是在梅雨結束前。以相同的量施撒肥料並培土。

❷ 澆水

梅雨季結束後，一旦感到莖葉缺乏活力時應立刻澆水，避免葉片捲縮。每株需要2ℓ的水。

挖定植溝時的土壤可放在一側。進入梅雨季後，為促進地上部及根系的生長，應分成2次進行追肥。第1次可將放在旁邊的土壤回填至植株基部，進行培土。第2次的培土同時進行除草，於植株基部堆起土壤。

> 梅雨結束後再施撒追肥會導致氮元素過多，讓芋頭產生苦澀味，應盡量避免

❸ 鋪設覆蓋物防止乾燥

第2次追肥結束後，為防止乾燥可於整個田畦覆蓋枯草、稻草或是收穫時的殘渣。這些植物覆蓋物既能通透雨水，也能抑制土壤蒸散水分，還有抑制雜草生長的作用。

第2次培土時，葉片正下方的位置已經長出芋頭，注意鋤頭不要傷到芋頭。另外要注意，培土不夠造成土壤太淺時，可能會使芋頭變綠。

需要摘芽嗎？

每顆種芋都會長出複數的芽，不論是直接栽培，或是只留下較大的芽其餘摘除皆可。直接栽培能採收大量的小芋頭，摘芽則是培育出較大的芋頭。

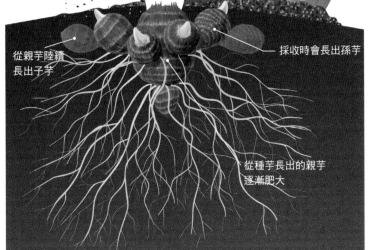

從親芋陸續長出子芋

採收時會長出孫芋

從種芋長出的親芋逐漸肥大

111

4 採收

10月後差不多就能採收，若想培育出更肥大的芋頭，可等到降霜前再採收。近年來秋天的氣溫也很高，所以生長期間也能延長。「土垂」系品種，當長長的莖部變成弓箭狀往下垂時，就可以採收。

用圓鍬採收。於外圍30cm處開始挖掘，注意前端不要碰到芋頭。

芋頭相互連接的位置可用鐮刀切除，區分成親芋、子芋及孫芋。

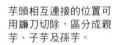

親芋　　　子芋　　　孫芋

親芋
口感扎實。湯頭美味，適合用來燉煮。

子芋
口感滑順。適合用來煮味噌湯或醬燒芋頭。

孫芋
帶皮一起水煮的「衣披煮芋頭」堪稱絕品。剝皮後沾鹽巴或味噌醬享用。

5 儲藏

芋頭洗過後的狀態放在家中，很快就會失去水分。理想的保管場所是土室。於田間角落挖出洞穴，帶土的狀態不需要切開，整株放入洞穴中。也能用來儲藏隔年用的種芋。

於田間挖出深60cm的洞，鋪上30cm厚的落葉或稻殼，將帶土的芋頭植株倒放（莖的部分朝下就不容易腐爛）。再蓋上大量的落葉及稻殼（參考P.120）

覆蓋浪板以避免雨水進入。

（參考P.120）

殘渣也能有效活用

採收時從植株基部切下的莖葉，即使乾燥縮起也能吸水膨脹，因此能成為優良的覆蓋材料。切成碎小狀就是自製的堆肥原料。

提升採收量的小技巧 ❻

用寶特瓶製作油粕發酵液肥

說到自製的有機肥，最常聽到的就是用油粕發酵而來的液肥。
如果用寬口的水桶製作，強烈的臭味容易瀰漫至周圍，也會引誘果蠅前來，
但是這種做法就不用擔心。

油粕發酵液肥的特色

- **隨時都能簡單製作**
- **發酵速度快**
- **不用擔心臭味或蠅蟲**

我常用的液肥是將發酵雞糞稀釋使用。不過，如果想讓肥料更快發揮作用時，比起發酵雞糞，通常會使用氮肥較多的油粕液肥。然而，油粕也有些缺點。用寬口的水桶腐熟（發酵）時，會散發強烈的臭味，不只會造成鄰居困擾，自己在作業的時候也很難受。於是發現了2ℓ大小的寶特瓶。口徑只有2cm所以不會飄散異味，由於瓶蓋的緊密度較高，為防止破裂就算稍微轉鬆，小蟲也不會入侵。因為瓶身透明，所以曬到太陽溫度很快就上升，分解比水桶方式還快。夏天的話1個月，冬天也只要3個月就能當作液肥使用。

1 準備材料

每1瓶2ℓ的寶特瓶，需要油粕100㎖及米糠30㎖。寶特瓶可選擇抗內壓強的碳酸飲料類型。將標籤事先剝掉以利液體溫度上升。

2 放入材料

使用漏斗，將油粕及米糠倒入寶特瓶中。米糠能夠促進發酵。如果難以流入寶特瓶時，可用長條棒等戳進瓶內。

3 放入水混合

加入水直到8-9分滿（發酵後會膨脹，因此不要全加滿）。蓋上瓶蓋前後左右搖晃。充分混合後稍微鬆開瓶蓋，讓氣體能夠排出。直立放置於日照良好處保管。

油粕發酵液肥的使用方法

夏季蔬菜中的小黃瓜及茄子，如果基肥太多就很容易招引蟲類。不過這些蔬菜開始結果實的時候，肥料的需求量會立刻提升，所以可減少基肥的量，再用液肥補足。使用油粕的這種液肥，和發酵雞糞液肥相較之下速效性更快。於黑色塑膠覆蓋部的根際處挖洞，倒入稀釋3倍以上的液肥。可分成少量多次補給。

地瓜

栽培計劃（一般地區）

1	2	3	4	5	6	7	8	9	10	11	12月

斜向栽培＋翻枝蔓
採收大量形狀漂亮的地瓜

過去曾數次拯救過日本的食糧危機，因此地瓜也有「救命地薯」之稱。耐乾旱，就算貧瘠的土地也能穩定採收，不過也常耳聞家庭菜園很難大量採收。這時候通常是土壤過於肥沃所造成，也就是原因出在殘肥。地瓜的定植必須要先掌握前一作栽培哪種作物，以及放入了多少肥料。地瓜雖然是由種薯長出的枝蔓扦插栽培，不過生長會隨著插入土裡的角度而改變。我自己的經驗是斜插栽培時，地瓜的數量跟大小比較能取得平衡。

1 整地

土壤太硬會讓地瓜無法順利肥大，容易長出細長扭曲等外觀不佳的地瓜，因此盡量將土壤耕耘質鬆軟狀態。最初可用圓鍬耕耘30㎝深，將結塊打碎。藉由上下翻攪的效果，也能稀釋前一作過剩的殘肥。

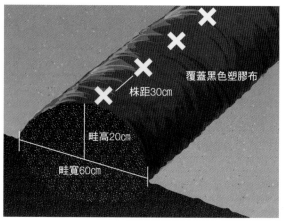

覆蓋黑色塑膠布
株距30㎝
畦高20㎝
畦寬60㎝

大致翻土後，施灑每1㎡約100ml的苦土石灰，再仔細翻攪。地瓜不喜愛過濕的環境，因此可做出魚板條形的高畦。

2 定植

將種薯長出的枝蔓當作幼苗。第一次栽培可購買市售的苗。有垂直栽培、水平栽培（船底栽培）以及斜向栽培等方法，斜向栽培較能大量栽培出大小剛好的地瓜。於定植前3天將苗泡水使其發根，提升存活率。

埋入土中的節間數量越多，長出的地瓜數量也能增加

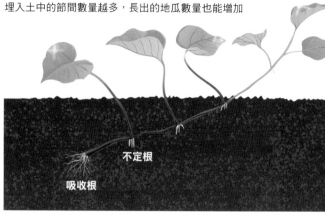

不定根

吸收根

吸收根
伸長至地下吸收水分及養分。無法長出地瓜。

不定根
能長出地瓜的根。從枝蔓的節長出。

收成量及大小均衡的斜向栽培

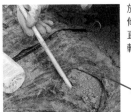

於黑色塑膠布開洞，以傾斜30度的角度插入直徑1cm的竹棒，就能輕鬆插入幼苗。

植穴注入水之後，沿著孔洞插入幼苗。要插到最下面葉片的葉柄露出的程度。

以相同方向栽種。可在畦上方放置寶特瓶壓住塑膠布。

3 翻枝蔓

雖然地瓜的魅力之一是能夠放任生長，不過將伸太長的枝蔓拔起的「翻枝蔓」是不可或缺的作業。除了能避免枝蔓越過田畦，也能藉由拔除到處發根的不定根，避免原本要輸送至地瓜的營養分散。

同時也一起去除長高的田間雜草。

當枝蔓接觸到地面，會從節長出不定根發育成地瓜，但之後長出的不定根無法長出大的地瓜。

將伸出田畦外的枝蔓提起，拔除不定根

拔起的枝蔓可反轉至田畦那側，固定於棒子上。

由枝蔓的節長出的不定根。

4 採收

定植幼苗經過120天後即可採收。首先試挖看看判斷口感及味道。太晚採收會因為長期下雨而受傷，或是容易受到蟲子或蚯蚓的食害。另外，如果到降霜前地瓜一直在土中，有可能會遇寒害而腐爛。

採收前先用鐮刀割除枝蔓。從距離植穴50cm的位置，用圓鍬慢慢地挖起。

照片下的地瓜為「紅春香」。口感濕潤而且甜味強烈，適合用來烤地瓜。上方則是「紅東（栗子地瓜）」。口感鬆軟適合各種料理。

用保麗龍箱長期保存

原產於熱帶的地瓜不耐低溫，如果氣溫在9℃以下很容易壞死。另一方面，若超過18℃則會開始發芽，所以保存上需要多費點心。可在附有蓋子的保麗龍箱內放入稻殼，再將地瓜埋入箱子中，放置於室內陰涼處，就能儲藏至春天。

生薑

栽培計劃（一般地區） ▮定植 ▮採收

1	2	3	4	5	6	7	8	9	10	11	12月

藉由出芽以及 2 次培土
培育出碩大的根莖

生薑的生長除了會受到土質影響外，由於原產於南亞喜好高溫多濕，一旦溫度不夠就無法繼續生長，起步太慢影響到最後。生薑是家庭菜園栽培上較困難的蔬菜，不過培育出碩大根莖時的喜悅無法言喻。栽培上需要注意的重點有3個。首先是提早發芽，延長定植後到採收的期間。接著是藉由雙重保溫以利初期生長順利。最後就是防止夏季的乾燥。生薑不耐乾燥，所以要鋪稻草抑制田畦的水分蒸發。如果順利生長，在夏天就能吃到香氣清爽的薑苗，到了秋天則是就可以品嚐到辛辣的薑。

1 整地

生薑適合栽培於排水性及保水性兼具的田間。為了提升物理性質，可以深耕至30㎝使土壤變得鬆軟。並且於定植至少1週前，將每1㎡約200㎖的苦土石灰、3kg的腐葉土及300㎖的伯卡西肥混合後拌入淺層土壤。

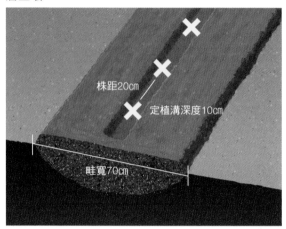

株距20cm
定植溝深度10cm
畦寬70cm

簡單的催芽
提早栽培期！

薑超過18℃才會發芽，如果放任其生長，就會在植株還幼小的狀態下，迎接生薑最不耐的日曬時期。為了在梅雨結束前讓根系確實伸長，建議購買種薑後就開始保溫，促進發芽。將容器裝入浸濕的稻殼，再放入種薑，接著放置於塑膠布隧道棚或室內日照良好的位置。

種薑的
切割方法

催芽後，較大的種薑可用手從凹陷處剝成2～3個。像是照片下方的小塊種薑可直接栽種。

2 定植

就算提早發芽，如果地面溫度太低也會無法繼續生長。定植於較淺的位置，再蓋上透明塑膠布及隧道棚，採用雙重保溫。淺植是因為靠近地面的溫度較高的關係。不需要多餘的勞力，將芽朝上定植。

使用鋤頭的邊角，於畦中央挖出深度約10cm的定植溝。

於定植溝把種薑的芽朝上排列定植。蓋一層淺土，澆大量的水。

覆蓋地面及搭設隧道棚的雙重保溫

定植後可於地面覆蓋一層透明塑膠布，以利地面溫度上升。當芽冒出地面時，再於塑膠布劃開洞，並用透明塑膠布搭設隧道棚。

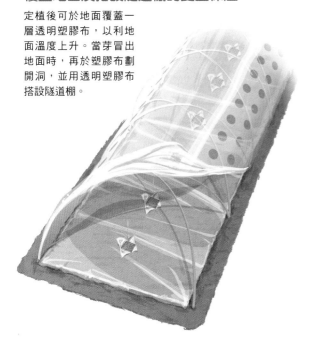

3 定植後的管理

本葉長出2～3片時，可將棚架及塑膠布拆掉，進行第1次的追肥。2週後再進行1次追肥及除草。新的生薑會從種薑上方長出，培土時盡量堆厚一點。培土也有助於防止乾燥。

第1次追肥要在植株間挖出淺溝，施撒每1㎡約400㎖ 的伯卡西肥並覆土。第2次在半個月後。於每株施撒2ℓ的發酵雞糞液肥（P.8）的3倍稀釋液於植株基部。

防止乾燥

雖然炎夏的氣溫對於生薑而言屬於適溫，但土壤太乾燥會讓生長停止，因此在培土後應鋪上稻草等柔軟的天然覆蓋材。植物的纖維具有保留並滲透雨水至田畦的效果。

4 採收

所謂的薑苗是在7月上旬至8月左右提早採收的薑。水嫩的口感及清爽的香氣充滿魅力。根莖可等待至秋天葉片前端轉黃再採收。當地面溫度下降時生薑也會腐爛，在降霜前應全部挖起。

定植時的種薑如果狀態良好，就能當作「老薑」利用。辛辣感更強烈。

生薑容易折斷，不要直接拔起，應用圓鍬連同土壤一起挖起。

提升採收量的小技巧 ❼

一石五鳥的「下挖式溫室」

說到保溫及隔熱，通常會立刻聯想到塑膠或保麗龍等化學材質。
雖然這些也是方便的資材，但也可以學習古老傳統的智慧，試著用稻草或落葉製作土室或溫室。

以前的農家會將晚秋採收的地薯或根菜，放入挖好的洞穴中，再用稻草或土覆蓋儲藏。洞穴中的溫度變化少，在冬天還比地面的溫度還要高。因為這個原理，蔬菜就不容易受到低溫障礙。另外，過去的農家每到早春，會用竹子及稻草圍起柵欄，再堆起落葉踩踏發酵成溫床。發酵時產生的熱能提高溫床的溫度，促進提早發芽。為致敬這些古人的智慧，我所實踐的是將土室以及踩踏溫床合而為一的「下挖式溫床」。同時運用化學材質的優點，搭配塑膠材質使用。雖然是物盡其用的心態，成果卻不容小覷。在田間的一隅絕對要試著設置看看。

5大優點

❶ 有助地薯類發芽

踩踏溫床的熱氣及稻殼的保溫作用，再加上透過透明塑膠布的太陽熱，能夠讓地瓜或芋頭穩定地冒芽。

❷ 能進行夏季蔬菜的育苗

玉米、番茄、南瓜、生薑等夏季蔬菜及秋冬蔬菜都能使用。

❸ 也能用來熟成肥料

可當作製作鐵桶伯卡西肥（P.86）或油粕發酵液肥（P.113）的熟成場所。

❹ 冬天可用來當作儲藏室

能保存大量採收的芋頭免於受損，安定過冬（P.120）。

❺ 可成為落葉堆肥的材料

運用於促進發芽或育苗的保溫用落葉，達成目的後可進一步活用為堆肥。

於田間的一角挖洞

挖洞的場所可選擇日照不良、使用不便的田間角落。地下水位高的土地不適合運用。

早春能維持 40℃ 以上

與透明塑膠布併用，在3月中的白天最高溫度可以達40℃以上。夜晚也能維持溫度。

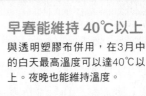

若要當作地薯類發芽保溫用，可再覆蓋一層透明塑膠布的隧道棚，進行雙重保溫。當儲藏空間時，可覆蓋遮光布。

設置兩種類型使用起來更方便

作發芽或育苗用溫室，可設置長120×寬60㎝×深45㎝（左）。若想用落葉或稻殼的隔熱／保溫效果，可挖深80㎝的洞（右）。

外圍放置稻草及寶特瓶

於土室外圍鋪上稻草，再放上裝滿水的寶特瓶，最後用透明塑膠布搭起隧道棚遮蓋，就能藉由白天的蓄熱抑制夜晚的冷卻。

製作內壁

利用木材或竹子等製作內壁，防止土壤崩落。作廢的竹簾也能派上用場。在四個角落打入支架，支撐壁材。不需要釘子。

放入落葉

鋪厚厚一層落葉當作保溫材料。育苗結束後可當作堆肥使用。

撒上一層米糠

落葉放入20㎝左右的厚度後，可於撒一層米糠直到表面變白為止。與落葉交互層疊踩踏，就會開始發酵產生熱。

地瓜的育苗

放上種薯

於踩踏後的落葉上方蓋一層5㎝厚度的土，再放上地瓜的種薯。

於種薯上方覆土

種薯上方覆蓋5cm厚的土，澆大量的水。

用稻殼保溫

再放上5cm厚的稻殼，用兩層透明塑膠布搭起隧道棚覆蓋。進入春天時可拆掉一層。

長出幼苗

從3月開始發芽後，到了5月中旬就能長到可定植的大小。

維持新鮮的地薯及根菜類

製作天然的蔬菜儲藏室「土室」

許多人會認為與夏天相較之下，於氣溫較低的冬天採收的蔬菜較容易保存，
如果是保管於倉庫或室內時，有些種類反而容易出現低溫障礙或乾燥引起的劣化。
而幫助解決這些問題的就是天然的儲藏室——土室。

土室是從前農家經常使用的儲藏智慧。土壤中不容易受到外界氣溫的影響，所以溫度的變化幅度較少。一般而言在50cm的深度中，當天的日夜幾乎沒有溫差，地下10m的話一整年的平均氣溫都很穩定。井水冬暖夏涼也是這個原理。地瓜或芋頭等在秋天採收的地薯類，其原產地都是在熱帶或亞熱帶。在挖起來的狀態下放置倉庫或屋簷下

保管，很容易受到晚上的寒冷而變質。俗話說「地薯類會感冒」，就是因為出現壞死現象而無法食用。雖然需要蓋上毯子進行保溫，但放在室內也會有過於乾燥的問題。直接於田間挖出的土室，不只能遮斷外界的空氣，也具有保濕效果，不耐乾燥的生薑、白蘿蔔、胡蘿蔔等根菜類，都能在水嫩多汁的狀態下保存。

1 挖出 60cm以上的洞

在田間角落挖出長方形的洞。可以的話挖出80cm，最少也要60cm的深度。雖然挖好就能直接使用，不過如果能像P.118在洞的周圍設置擋土牆，就能長期使用。芋頭如果將整株倒放能延緩發芽，長期間都能品嚐。白蘿蔔、胡蘿蔔、牛蒡等則是斜向立起排列儲藏。

2 鋪上厚厚一層落葉或稻殼後，用遮光布搭起隧道棚

於放置的地薯或根菜上方，放入40cm以上的落葉或稻殼等具有保溫性的資材，並且盡量壓縮空隙。接著上方雖然也可以用古老的方式覆土並鋪上稻草，不過取出時較費力。另外，白天的溫度如果太高容易開始發芽，而保溫材質淋濕則容易引起凍害。建議上方不要覆土，而是用不透光及不透雨水的藍色帆布搭設隧道棚，就能抑制溫度及濕度的變動幅度，也比較容易取出。

提升採收量的小技巧 ⑧

自己製作草木灰

雖然草木灰在市面上也有販售，但其實田間也有很多材料。只要加以焚燒就能自己製作。
不過請注意，根據火勢大小或周圍的狀況不同，有可能會被視為受到法律禁止的焚燒行為。

我在中和土壤時，大多會用以鎂及鈣為主要成分的苦土石灰進行。不論哪種蔬菜都能使用這種資材，但是特別不耐酸性環境的豌豆、蠶豆、草莓等，較常以追肥的形式使用草木灰。草木灰顧名思義就是植物燃燒後的灰燼，含有鉀、磷、矽酸，以及其他各種必須微量元素。雖然市面上也買得到，不過只要將莖部較硬而難以分解的蔬菜殘渣、農田邊界的綠籬修剪枝條，或是老舊的竹子支架等燃燒，就能自己簡單製作。不過，作業時會有火焰及煙霧飄散，前提是附近沒有其他住宅或山林。於田間一角挖出直徑1m、深40cm左右的洞。選一個無風的平穩日子，將事先乾燥好的雜草、蔬菜莖部、修剪枝條等放入洞內點火。不要一次全部燃燒，慢慢放入燃燒也能減少煙霧。如果有風務必要用浪板等圍起，避免火勢延燒。等待燃燒殆盡冷卻後，再將剩下的灰燼放入空罐等容器內。

在排水不良的場所挖洞，容易因為濕氣而無法順利燃燒，且容易冒煙。

準備要燃燒的材料要事先乾燥。若水分殘留會讓煙霧更多。不要一次全放，應慢慢加入抑制火勢及煙霧（減少對周圍的影響）。嚴禁燃燒塑膠類或是灰燼容易飛散的紙箱。

燃燒殆盡後應自然冷卻。為預防火災應在傍晚前結束，裝好灰燼後要在洞內灑水。

使用範例

與伯卡西肥混合，當作追肥利用。照片中正在施撒於豌豆的葉片。

提升採收量的小技巧 ❾

用氣泡紙製作溫暖的隧道式育苗棚

仔細觀察家中，其實有很多能運用於田間的材料。
其中之一就是購買大型商品時包裝用的緩衝材。就是將那個「氣泡紙」運用於育苗。

1 挖出深 20cm 的洞

在田間角落挖出深20cm左右，底部平坦的凹槽。

2 於內側製作隔熱牆

於凹槽部分的邊緣用泡泡紙製作圍牆。

3 底部鋪上稻殼（或是落葉）

鋪5cm厚的稻殼或落葉。

4 將土壤及稻殼混合後放入

將土壤及稻殼各半混合，放入步驟3的上方約5cm厚。

> 也能利用稻殼及落葉的發酵熱

就算是夏季蔬菜，也不是所有作物都適應高溫多濕的日本氣候。為此也就有所謂的提前育苗。提早發芽時期，栽培出苗壯的植株，以健康活力的狀態度過容易發生病蟲害的梅雨季節。如果早開花的話，在猛暑或颱風來臨前還能結束採收的上半場戰。不論是番茄、茄子、小黃瓜或櫛瓜，基本上的概念都是如此。市售的夏季蔬菜幼苗，通常都在5月初的時候同時出現在店面，也是基於同樣的原因。自己育苗的話也以此概念為基本，從2月就要開始準備。雖然也有室內育苗這種方法，不過如果是在田間進行的話，建議使用包裝用的緩衝材。在兩層的塑膠袋之間封入空氣，所以會具有極佳的蓄熱效果。

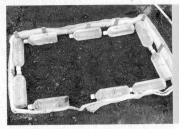

Point
**用寶特瓶圍住
四周**
將夾滿水的寶特瓶放
在外圍，能提高蓄熱
效果。

長1m、寬60cm的空間，可培
育50株蕃茄或是100株玉米的
幼苗。

於前、中、後各三處
設立支架。

氣泡紙兩端
壓住固定

5 放入與土壤混合
的落葉堆肥

將落葉堆肥（或是腐葉土）和田
間土壤以6:4的比例混合，並鋪上
10cm厚度，再澆灑大量的水分。

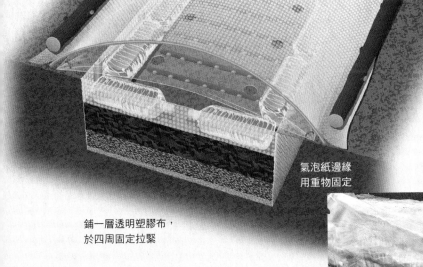

氣泡紙邊緣
用重物固定

鋪一層透明塑膠布，
於四周固定拉緊

6 覆蓋透明塑膠布

配合外圍的氣泡紙的高度，覆蓋
一層隧道棚用的透明塑膠布。可
打幾處小孔以免苗床過於悶熱。

7 再覆蓋一層
氣泡紙

於透明塑膠布上方橫向搭起弧形
支架，再蓋上氣泡紙。白天的溫
度會達到40℃以上。藉由蓄熱效
果避免夜晚溫度過低。

用識別證套或是納豆盒促進發芽

識別證套也是常見的用
品。將沾濕的面紙包住
種子，裝入識別證套再
放入衣服內，藉由體溫
保暖促進發芽。照片為
番茄種子。

南瓜種子可吸水一整晚，再
用沾濕的布包起放入納豆盒
中封起。放入搭設隧道棚的
田間，就能比直接播種還早
發芽。

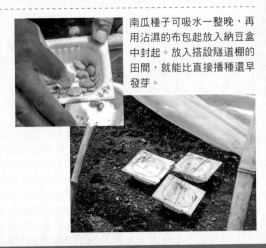

胡蘿蔔

栽培計劃（一般地區）

| | | | | | | | | | | | |
|1|2|3|4|5|6|7|8|9|10|11|12月|

■ 播種　　■ 採收

確實發芽，藉由 2 次疏苗
栽培出肥大的胡蘿蔔

有機栽培的胡蘿蔔其美味度受到好評。比較耐病害，明顯的害蟲頂多只有黃鳳蝶的幼蟲。雖然是較容易栽培的蔬菜，但關鍵在於發芽。胡蘿蔔的種子屬於好光性，要照到陽光才會發芽。另一方面，吸水力只有白蘿蔔種子的六分之一。也就是說，覆土時要薄到能讓光線穿透，同時也要供給充足的水分，才能開啟發芽的機制。不過覆土越薄，種子也越容易乾燥。如果想克服這兩種矛盾的條件，就必須要仔細立畦以及悉心播種。最近經過高發芽率處理的種子也逐漸增加，選擇此類型的種子也是方法之一。

1 整地

排水性差的土壤容易引起根腐，土壤中有結塊則是會讓根部分岔，因此要深耕至30cm左右的深度。於播種至少2週前，拌入每1㎡約100㎖的苦土石灰、1.5kg的牛糞堆肥，以及400㎖的伯卡西肥。

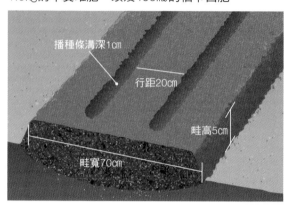

播種條溝深1cm
行距20cm
畦高5cm
畦寬70cm

2 播種

胡蘿蔔非常耐密集生長的環境，如果附近有同樣高度的植株，會為了競爭而往下伸展。種子以2cm的間隔進行條播。要播種2行以上時，行距也可設定為較窄的20cm。一連串的作業應盡量細心進行。

播種條溝可用直徑1cm的支架按壓。壓痕的深度相同，覆土時的厚度也能一致。

以1cm的間隔一粒粒播種。種子小而扁平，較難以用手指抓起。雖然容易一次放太多，但如果種子過於密集，之後的疏苗作業也會很辛苦。

土壤的粒子越細其保水性越高，能減少發芽的失敗率

覆土用的土可用篩網過篩。

覆蓋薄薄一層土約0.5cm左右。將方形木條由上方鎮壓，能緊實土壤提高保水性，也不易被雨水沖刷。

在發芽前保持土壤濕潤

覆土之後用灑水壺輕輕灑水。但有時候只是表面看起來濕潤，所以應澆灑充足的水分。也建議使用發酵雞糞液肥（P.8／10倍稀釋液）澆水，同時兼作初期的養分供給。

土壤的水分會因為直射陽光或風吹而流失，因此要覆蓋一層防風網或不織布。

大約10天左右發芽。下雨過後也有可能突然冒芽，如果仍未發芽時可再觀察半個月。發芽後可替換成防蟲網的隧道棚。

3 疏苗

在幼苗期也可能因為疏忽而枯萎，因此第1次的疏苗應在幼苗確實發根後進行。第2次疏苗應避免太晚。如果在過於密集的狀態下生長，會讓根部無法變粗。胡蘿蔔的初期生長較慢，所以雜草應趁冒芽時儘早拔除。

第 1 次疏苗

長出3片本葉（植株高度15～20cm）時，每隔1株間拔。植株有大小差異或是過於密集的位置，也應間拔至均勻狀態。

保留
葉片較大、葉柄短、健壯的幼苗。

過於密集會長成瘦弱細長的植株。

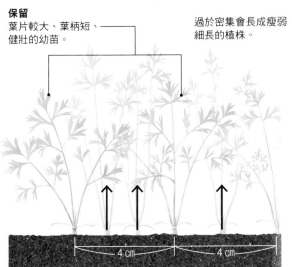

├─ 4 cm ─┤├─ 4 cm ─┤

第 2 次的疏苗

本葉長出5～6片時進行第2次間拔。因是葉片及根部同時增大的時期，應確保植株有足夠的生長空間（最後株距10～12cm）。

間拔起的植株可以連同葉子一起料理成美味的炸天婦羅

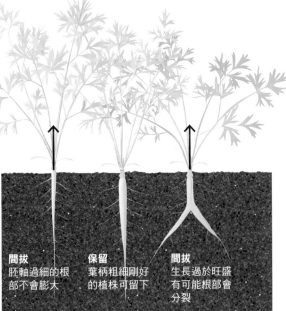

間拔
胚軸過細的根部不會膨大

保留
葉柄粗細剛好的植株可留下

間拔
生長過於旺盛有可能根部會分裂

第2次疏苗時一起培土，並於植株基部施撒大量的發酵雞糞液肥10倍稀釋液。

4 採收

就算莖葉的生長狀態一樣，根部的粗細度也會有所差異。用手指撥開周圍的土，判斷胡蘿蔔的寬度（直徑）。從變粗的植株開始採收，就能長期間品嚐美味。

挖到食指第1關節的深度，確認粗細度。若是太細的話可將土回填。

在降霜前會持續肥大。到了冬天雖然葉片會枯萎，但根卻會休眠至早春，所以可以放任於田畦中儲藏。

白蘿蔔

栽培計劃（一般地區）　　■播種　■採收

1	2	3	4	5	6	7	8	9	10	11	12月

充分翻土，減少肥料量
慢慢讓根部膨大

栽培白蘿蔔本身並不難，但是如果想栽培出像超市或市場一樣大又漂亮的蘿蔔，則需要相當的技術。如果太過於追求大小，反而會不知不覺間長出筋變硬，錯過最美味的時機。適度控制大小，味道反而更細緻美味。我通常會刻意選擇兩株栽培法而非單株栽培。在最後一次疏苗留下2根栽培，從先長大的開始採收。剩下的1根過一段時間到了適期再採收。這就是隨時就能品嚐到新鮮蔬菜的秘訣。

1 整地

頭部青綠的長型白蘿蔔會深入土壤深處。這時候如果土壤太硬，或是碰觸到未成熟的堆肥，生長點的活動就會受到阻礙而容易變形。土壤盡量深耕且盡量攪碎。

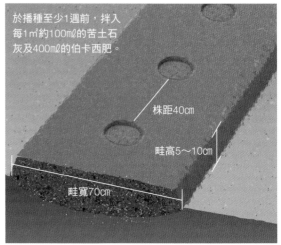

於播種至少1週前，拌入每1㎡約100mℓ的苦土石灰及400mℓ的伯卡西肥。

株距40cm

畦高5～10cm

畦寬70cm

2 播種

本身發芽率很高。壓出直徑15cm的圓形淺穴，播種5粒並保留活力的幼苗。為防止害蟲的啃食，播種後務必用防蟲網搭起隧道棚。

用舊杯子或蓋子按壓出深1cm的播種穴。

均勻放置5粒種子後覆土。鎮壓並且澆大量的水。

3 疏苗

第1次的疏苗是在本葉長出5～6片時進行。間拔生長狀況較差的2株，保留3株。半個月後進行第2次疏苗。拔除1株留下2株。1週後於每株施撒2ℓ的發酵雞糞液肥（P.8）4倍稀釋液，並且培土。

栽培至本葉4～5片時，就能輕易區別應保留與必須要間拔的植株。

第2次的間拔。於每個播種穴中拔除較小的苗株。

4 採收

靠近採收期時，葉片就會直立往上。當葉片的前端往下垂就可以採收。頭部直徑7～8㎝左右為粗細度的參考。

採收第1根蘿蔔後，將土壤蓋回去以避免旁邊的蘿蔔表面乾燥。

挖洞簡單儲藏

蘿蔔帶著鬚根的狀態放任於土中會繼續老化。採收結束後應全數拔起，將鬚根及葉片切除，挖一個深50㎝的洞，將蘿蔔倒放至洞內並覆土，就能保鮮至2月。

櫻桃蘿蔔

別名為二十日蘿蔔。生長快速、佔用田畦時間很短的迷你蘿蔔，雖然是以20天就能採收為比喻，不過實際上需要30天才能採收。可栽培於田間的空位，成為填補空窗期的重要根菜。整地及管理基本上和白蘿蔔大致相同。外觀小巧所以經常會輕忽，與白蘿蔔一樣太晚採收會長出筋，使風味大減。

1 播種

肥料與白蘿蔔一樣。壓出行距15㎝的條播溝，以1㎝的間隔播1粒種子。覆土後鎮壓，澆灑大量水分。也別忘了搭設防蟲網的隧道棚。

2 採收

生長週期比白蘿蔔還要快，因此也要儘早疏苗。第1次是在本葉2～3片的時候，第2次則是在半個月後每隔1株間拔。之後根部肥大的植株即可依序採收。

牛蒡

栽培計劃（一般地區）

| | | | | | | | | | | | |
|1|2|3|4|5|6|7|8|9|10|11|12月|

播種　採收

肥大而長，而且漂亮的根
關鍵在於土壤

牛蒡雖然可以春天或秋天播種，不過秋天播種使其越冬，慢慢栽培直到夏天的方式，較能培育出肥大的根。一般品種的根部往地下深處伸展，但也可能會根據地下水位的高度而引起根腐。基本上若不是排水良好的土地，栽培上都有困難，不過短根系的品種或是葉牛蒡等早期採收的品種，土質就不會有太大的問題。如果像是耕土層下方不會混入石頭的日本關東壤土，就能培育出超過1m的長型牛蒡。雖然是不好對付的蔬菜，只要土質合適的話絕對要挑戰看看。不耐連作，一旦栽培後在4～5年內應避免在同一位置栽培。容易引起根燒，有機質肥料務必使用完熟的肥料。

1 整地

選擇日照良好的場所，盡可能深耕後立畦，並挖出寬10cm、深20cm的堆肥溝。於播種至少1週前，於溝內均勻放入每1㎡約70㎖的苦土石灰、1.5kg的腐葉土以及200㎖的伯卡西肥並覆土。

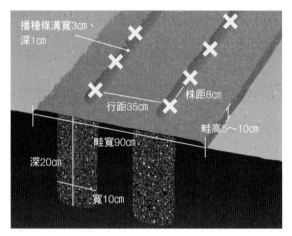

2 播種

牛蒡的種子為好光性，覆土時必須要非常薄，不過也因此種子容易乾燥。所以可事先泡水處理促進發芽。為了在採收時方便挖掘，播種時應將種子直向對齊田畦，統一方向。

為了讓種子能同時發芽，將種子放入杯子內泡水2天使其吸收水分。澆水時除了條播溝之外，整個田畦都要充分灑水。最後於地面覆蓋防蟲網同時防止乾燥。

挖出寬3cm、深1cm的播種條溝，將每2粒以株距8cm間隔播種。覆土約1cm左右。

約10天後開始發芽。發芽後可將防蟲網改搭設成隧道棚。

128

3 播種後的管理

牛蒡的生長適溫為20℃左右。當氣溫低於3℃地上部就會枯萎，因此秋天播種時，應用透明塑膠布搭起隧道棚讓植株過冬。密閉環境會因為濕度而讓葉片受傷，所以當葉片下垂時應進行換氣。

第 1 次追肥

當本葉長出2片時，可於行間來回施撒一次發酵雞糞液肥（P.8）的6倍稀釋液。初期容易受到雜草競爭的危害，所以也要仔細除草。

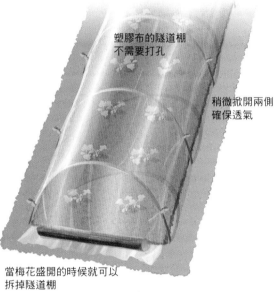

塑膠布的隧道棚不需要打孔

稍微掀開兩側確保透氣

當梅花盛開的時候就可以拆掉隧道棚

第 2 次追肥

到了春天，長出3～4片本葉且變得密集時，可進行間拔。同時進行第2次追肥。行間及畦兩側挖出淺溝，來回施撒一次發酵雞糞液肥（P.8）的4倍稀釋液。

4 採收

於初夏當葉片覆蓋於整個田畦的時候，即可進行採收（在之前間拔的苗株也能當作嫩牛蒡享用）。將需要利用的份量挖起即可。到初冬還沒吃完的話可全數挖起，放入土室（P.120）保存。

切除莖葉，植株的位置就能一目了然。

用圓鍬從田畦旁垂直往深處挖。

上：出現根部後，可將覆蓋布用的U型固定釘來固定，並免作業時倒下。
下：使用鋼筋條，像考古的挖掘作業一樣將根部周圍的土剝落。

如果能毫髮無傷地挖出來，是件很開心的事～

蕪菁

栽培計劃（一般地區）

| | | | | | | | | | | | | |
|1|2|3|4|5|6|7|8|9|10|11|12月|

播種 採收

做好害蟲防治
培育出健康的蕪菁

蕪菁的種類非常多，大小、顏色、形狀及味道都各有特色。適合用來當沙拉、醃漬物、燉煮的品種也各不相同…。如果要在其中選一種的話，我推薦小蕪菁。首先味道非常細緻，不論哪種料理都很合適，莖葉也非常美味。再來是從播種到採收的期間比大型品種還要短，也就是能更早品嚐到。另外一個優點是株距就算狹窄也沒關係，所以很適合家庭菜園。栽培的重點在於充分耕耘土壤直到蓬鬆為止。土壤如果結塊或是肥料分配不均，就會影響到圓球的形狀及肥大方式。葉片容易成為害蟲的目標，因此生長初期務必要覆蓋防蟲網。

1 播種

拌入每1㎡約100㎖的苦土石灰、2.5kg的腐葉土以及400㎖的伯卡西肥，並翻攪土壤至細碎狀。壓出行距10㎝的播種條溝，以1㎝的間隔播種並覆土，再輕輕按壓土壤。

2 疏苗

疏苗共計3次。當本葉長出2片時進行第1次間拔。拔除受到蟲害的植株或生長狀態差的苗株。第2次為本葉3～4片時。而第3次為本葉5～6片時，間拔至株距7～10㎝。

由正上方往下看植株時，葉片較偏的植株其尾部細長的可能性高，建議拔除

3 採收

如果長期放任於田間生長會讓外側變硬，裡面的纖維也會變粗，因此建議儘早採收。

有如乒乓球般圓潤的形狀最為理想

比起數量更追求大小均勻
重點在於黑色塑膠布及摘芽

雖然不耐傳染病，不過如果選擇耐病毒的市售種薯，就能避免引起嚴重的危害。容易出現連作障礙，定植時應注意避開連續數年栽種茄科作物的位置。基肥可確實放入有機質肥料，維持土壤pH值為弱酸性。只要遵守以上基本原則，就算是新手也能順利豐收。雖然最近秋季栽培的品種增加，不過在田畦閒置空間較多的早春栽培，較能有效利用整個田間。春季栽培的品種種類更多。我最近都選擇易栽培、採收量及風味都很均衡的「北光」品種。

馬鈴薯

栽培計劃（一般地區）　　■定植　　■採收

1	2	3	4	5	6	7	8	9	10	11	12月

1 整地

栽培蔬菜時通常用來調整酸鹼度的石灰資材，有可能會造成馬鈴薯的瘡痂病，因此不使用石灰。再放入基肥前，可施撒木醋液的10倍稀釋液。於定植至少1週前，拌入每1㎡約600㎖的伯卡西肥。

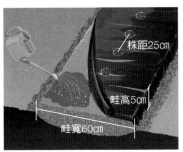

立畦前的嚴寒期間，可在預計要栽種的位置粗略耕耘深30cm，就能讓病蟲害及連作障礙的病原菌凍死。

株距25cm
畦高5cm
畦寬60cm

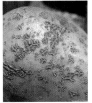

當土壤的pH值偏鹼性就容易出現瘡痂病，使外皮結痂變得粗糙，同時導致黃化或變硬。

2 準備種薯

大塊的種薯可切成小塊使用。雖然有人會將草木灰塗抹於切面，藉由灰的殺菌力避免剖面腐爛，但近年來也有反效果之說。市面上也有專用的藥劑，但如果氣溫很低的話，可直接讓切口乾燥即可。

進行種薯照射陽光使其發芽的「照光催芽」再定植，能提高初期生長，栽培出活力的植株。放入保麗龍箱中保溫，再蓋一層透明塑膠布

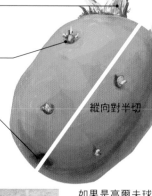

頂芽
位於頭頂部分、密集生長的芽

芽
芽從頭頂朝向肚臍以螺旋狀長出

肚臍
與親芽連接的痕跡，也叫做匍匐莖（走莖）。以此為基點切開

縱向對半切

如果是高爾夫球大小的話就不用切，可以直接定植。

小而且多餘的芽可在定植前摘除。切口朝上，放置於通風良好的場所約2天。乾燥後應盡快定植。

3 定植

馬鈴薯當氣溫超過29℃便會停止生長。太慢定植的話，植株就會在塊莖尚未肥大時先老化。使用黑色塑膠布能縮短新芽從地面冒出的時間，加長馬鈴薯的生長時期。

直徑9cm
深10cm
使塊莖的剖面呈現水平狀
切口朝下能讓芽早點冒出地面

發芽適溫為18～20℃。大約1個月後芽就會冒出地面。

為預防瘡痂病，盡量將酸鹼度測試劑插入每個植穴確認pH值。

植穴可用底部開洞的杯子來打孔。可標示10cm位置。將杯子插入土中直到標記的位置，再慢慢拔起挖出10cm份量的土壤。定植後再將原本的土埋起。如此一來植穴的深度就能一致。

4 定植後的管理

種薯會從地面冒出多個新芽。若放任生長雖然馬鈴薯的數量會增加，但卻不容易長大。如果採收不完而留在田間的話，還會在下一作發芽造成困擾。應進行摘芽控制莖的數量，培育出大小均一的馬鈴薯。

藉由黑色塑膠布的保溫效果，促進低溫時期的初期生長。也能省下拔草的作業。

❶ 摘芽，保留2～3根栽培

保留最先冒出的2根芽。比較晚長出的芽如果夠粗的話可以保留1～2根，之後長出的芽不論粗細都摘除，避免增加過多的馬鈴薯數量。

只要覆蓋黑色塑膠布，就算不培土也可以避免靠近地面的馬鈴薯綠化。

花朵開完葉片也開始枯萎

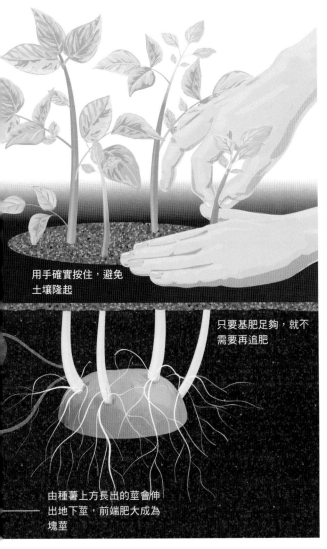

用手確實按住，避免土壤隆起

只要基肥足夠，就不需要再追肥

由種薯上方長出的莖會伸出地下莖，前端肥大成為塊莖

❷ 晚霜對策

馬鈴薯的栽培秘訣，就是在氣溫到達生長界限之前盡量讓塊莖肥大。所以要做好照光催芽及覆蓋黑色塑膠布，不過發芽過早也會提高晚霜的風險。在4月中旬前於地面覆蓋不織布，再於上方用寒冷紗搭設隧道棚。

5 採收

當莖葉枯黃時即可採收。若長時間放任於田間生長，會因為下雨或地面溫度悶熱使馬鈴薯受傷。拔除黑色塑膠布，用圓鍬或鋤頭盡量從遠一點的土壤挖起。採收後放在土壤上乾燥2～3小時，可減少腐爛。

因為沒有培土的關係，剝開黑色塑膠布後下面就是馬鈴薯。

慢慢地拔起很快就與莖部分離。比起「挖」更像是在「撿」馬鈴薯。

曾經有一年用3kg的種薯採收了多達59kg的馬鈴薯

從市售的種芋開始栽培，重複採收及儲藏增加數量

雖然蒟蒻是常見的食材，不過長年享受家庭菜園樂趣的人，能親眼見到原貌及新鮮塊莖的機會想必也不多。因為蒟蒻可以說是難以對付的作物。在蒟蒻的知名產地，也就是我的故鄉群馬縣，甚至被稱為「運玉」。意思就是要有一定的運氣才能順利採收。雖然不是每個地區或每種農地都能生長，不過栽培方法本身並不是那麼困難。只要按部就班，就算不是產地也能成功採收。我自己則是在千葉縣的北總台地實際驗證。每年栽培難以對付的蒟蒻芋，其理由除了是想品嚐故鄉的味道之外，也是因為自己栽培的蒟蒻別有一番風味，吃過後再也不會想吃市售產品。

蒟蒻

栽培計劃（一般地區） ██ 定植　██ 採收

| 1 | 2 | 3 | 4 | 5 | 6 | 7 | 8 | 9 | 10 | 11 | 12月 |

1 整地

排水不良或是保水力不足而容易乾燥的土壤，都不適合栽種蒟蒻芋。首先深耕至30cm深鬆土，提高透水性。於定植至少2週前，拌入每1㎡約50mℓ的苦土石灰。保持pH值為5.5～6.5的狀態。

土壤結塊會妨礙根系伸展，應充分鬆開拌碎

如果種芋觸碰到前一作剩下尚未分解完的堆肥，容易引起腐敗。應趁著寒冬使土壤充分暴露於冷空氣中，減少病原菌。

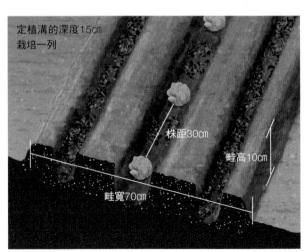

定植溝的深度15cm
栽培一列

株距30cm

畦高10cm

畦寬70cm

2 定植

市售的種芋大約會在3月於市面上出現，但種芋容易因寒冷或受傷而腐敗，要盡量選擇表皮漂亮的種芋。如果是棒球大小約當年就能採收，但是因為生長週期為4～5年，所以種芋建議購買6個以上。

當出芽的頭頂凹陷處積水時，就很容易腐爛，所以種芋可傾斜45度放置。將每1㎡約1.5kg的腐葉土、100㎖的伯卡西肥與100㎖的發酵雞糞混合後施肥。施肥於兩個種芋之間的株間，接著將定植溝覆土，剩下的肥料可於畦的兩側挖10㎝的溝並施肥。

3 定植後的管理

蒟蒻芋產地的共通點，就是傾斜地而且經常會有晨霧。也就是排水良好，保濕力也足夠的土地。類似的環境可藉由覆蓋資材重現。適度抑制地面的蒸發，也能保持土壤中的水分。

新芽像是竹筍般的外型冒出（上）。生長非常緩慢。葉片展開後，於植株周圍挖出深5㎝的格狀條溝，放入每株50㎖的發酵雞糞後覆土（右）。

持續換植4～5年後，開出筒狀的花朵。開花當年結束栽培。

葉片
從枝條長出許多裂紋深的葉片，不過由於葉柄只有1個，所以受到病蟲害的危害時，會造成很大的傷害

葉柄
雖然看起來像莖，其實是葉柄。蒟蒻的地上部就是一片巨大的葉子

基根
於6月左右會旺盛伸長的根。由於基根靠近地面橫向匍匐，因此對土壤的水分量很敏感。從基根會長出幾乎是直角的支根

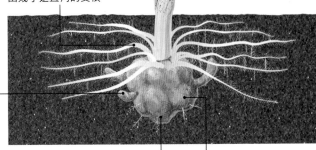

生子
從新球莖聲生長出的側芽伸長而來的細長塊莖。將此塊莖切下並栽培2年以上，就能長成可食用的大小

種芋（球莖）
隨著地上部及新芋（新球莖）變大，種芋會逐漸萎縮

新球莖
可食用部位，也能當作種芋。每株長1顆新球莖，逐年增大

搭設隧道式防蟲網架

雀蛾幼蟲一旦附著，就會被啃個精光。當葉片展開後，應用防蟲網搭設隧道棚。

覆蓋稻草

生長至某個程度後，可於田畦整體覆蓋稻草。也可以覆蓋草或是修剪下來的枝條。藉由保溫（隔熱）、透氣（排濕）、排水（保水）、遮光等作用，自動調控土壤的水分環境。

4 採收

當地上部枯萎時，即可在生子（子芋）相連的狀態下挖起。長大的塊莖不耐過濕及低溫，不要放在田間，應放置於室內保管。植株枯萎非常快速的塊莖通常無法保存，應盡快利用。

當地上部完全枯萎倒下後，即可挖起。

應謹慎用圓鍬挖掘，避免傷到蒟蒻芋。

如果栽培順利，每年都能採收超過1kg的超大塊莖

蒟蒻芋非常脆弱。洗淨泥土時也注意不要損傷。

5 儲藏

在購買的6個種芋當中，如果4顆都能順利生長的話，可將其他2顆加工成蒟蒻，剩下2顆則是當作隔年用的種芋。在周圍長出的生子也能當作種芋保存。挖出來再次栽種並持續2～3年，就能長到可食用的尺寸。

生子
可當作後年之後的種芋儲藏。重複挖起→儲藏，漸漸培育長大

較小的蒟蒻芋
當作隔年的種芋。採收後風乾3～4天，再用報紙包起放入紙箱。保存於家中隨時都很溫暖的場所到隔年春天

較大的蒟蒻芋
加工成蒟蒻

栽培密技！

不斷增加生子

脆弱的蒟蒻要以無農藥栽培可說是件難事，就算塊莖夠大也有可能全軍覆沒。不過幼嫩的生子比較健壯。於其他田畦栽培，到了隔年就能重新生長。

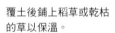

將生子放入土壤中保存。挖出深30cm的洞，放入洞內保存。

覆土後鋪上稻草或乾枯的草以保溫。

蓋上塑膠布防雨，再放上裝水的寶特瓶壓住。

介紹正宗作法的味道！
品嚐真正的「蒟蒻」

蒟蒻獨特的彈嫩口感是來自於一種叫做甘露聚醣的糊狀物質。市售的蒟蒻大多是由乾燥的蒟蒻芋萃取出只有甘露聚醣成分的精製粉製造而來。另外，也經常會混入海藻成分當作增量劑。由生蒟蒻芋100％純手工製作的蒟蒻，除了甘露聚醣之外也富含纖維質及礦物質，口感跟味道完全不同，也就是傳統的正宗蒟蒻。雖然製作費工，但充斥著滿滿的感動。

首先直接生吃看看。
自己栽培的蒟蒻
絕對會感動萬分

材料
蒟蒻芋1kg（削皮後）／
凝固劑（市售的蒟蒻製作包）

道具
盆缽／加熱用的鍋子（容量至少5ℓ）／
磨泥器／磅秤／竹鏟／橡膠手套

❶ 蒟蒻芋的事先處理

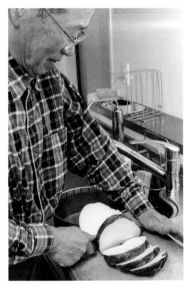

用刷子及流水仔細刷洗表面的泥土及髒污，再輪切成3cm厚。

削皮。蒟蒻皮含有很多容易引起皮膚癢的草酸。削皮時務必要戴上橡膠手套。作業中要注意避免噴到眼睛。

❷ 磨成泥

於鍋中放入3ℓ的水，加熱至40℃。將蒟蒻芋磨成泥放入鍋中，攪拌均勻。

❸ 加熱

鍋子加熱，開大火的同時用鍋鏟持續攪拌。快速攪拌避免燒焦。

出現咕嘟咕嘟的聲音後，開始變成帶有黏性的果凍狀。顏色也從淡紅色變灰色。

❹ 加入凝固劑

依照包裝指示溶解凝固劑。在加熱蒟蒻泥前先準備好。

當磨成泥的蒟蒻芋加熱至透明後，加入凝固劑的水溶液，用力攪拌。維持大火。最初會分散成小塊，持續攪拌會變成一整塊。

❺ 放入模具中凝固

呈現偏硬的糊狀時即可關火，放入容器（模具）中自然冷卻。充分凝固後從模具取出，在沸騰的熱水中煮15分鐘，再用水沖洗乾淨。

儘早培育出茂密的綠葉
採收豐碩的淮山

「山藥」是薯蕷科薯蕷屬的作物總稱。有長形、圓形、銀杏葉形狀，或是野生種日本薯蕷（野山藥）等許多種類。淮山即為其中一種，黏性較溫和，也不會有澀味。容易料理，食用的方式也很豐富。如果將購買的種薯單純放置於田間定植，到發芽為止需要較長的時間。栽培重點是藉由發芽處理促進初期生長，儘早培育出葉片茂密的植株。行光合作用的葉片數（面積）及時間增加，就能讓地薯儲存更多營養。也就是能夠採收長又肥碩的山藥。只要栽培1年，隔年之後的種薯也能自己增加。

山藥（淮山）

栽培計劃（一般地區）　　■ 定植　　■ 採收

| 1 | 2 | 3 | 4 | 5 | 6 | 7 | 8 | 9 | 10 | 11 | 12月 |

於定植至少1週以前，於田畦挖出深10cm的堆肥溝，施撒每1㎡約1.5kg的腐葉土及400mℓ的伯卡西肥並覆土。

1 整地及定植

淮山的生長初期是藉由種芋的儲藏養分生長，幾乎不吸收土壤的肥料。施肥應放入根系伸長的位置，讓肥料能在後期慢慢發揮作用。種芋橫放即可。

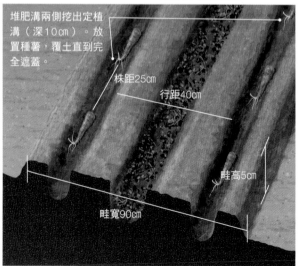

堆肥溝兩側挖出定植溝（深10cm）。放置種薯，覆土直到完全遮蓋。

株距25cm
行距40cm
畦高5cm
畦寬90cm

2 定植後的管理

山藥植株的枝蔓會一邊卷繞往上攀爬生長。雖然也有產地會讓植株匍匐於地面生長，不過面積有限的家庭菜園，可搭設支架誘引。枝蔓的生長速度快，大約8成左右的植株發芽後，即可開始搭設支架。

一旦發芽時，定植後1週枝蔓就會開始伸長

❶盡量每株搭設1根長2m程度的粗支架。橫向固定的支架也可以根據畦的長度準備

❹畦的兩端可分別再插1根加強用的支架

❸合掌的交叉部位用繩子稍微打結固定。大約是用手搖晃也不會分解的程度

❷於畦的兩端稍微傾斜插入棒子開孔。之後再設立支架，架設成合掌形

淮山的吸收根位置較淺。地薯的肥大期如果水分不足，就會影響生長，因此梅雨季結束後可於田畦鋪上稻草、割下的雜草、落葉等防止乾燥

栽培密技!

催芽以加速生長

薯蕷類作物的發芽速度非常慢，如果直接定植的話，即使在溫暖的日本關東南部也要到5月半才會發芽。因此可製作簡單的塑膠布溫床，促進種薯的發芽。

4月上旬於田間角落挖出深10cm、底部平緩的洞，再放置竹子架高一段。並列種薯後覆土。

這個前端部分通稱「河童頭」。是非常重要的部分，注意不要受傷

左：於上方覆蓋透明塑膠布，再用土固定外圍。快的話4月中旬就開始發芽。右：從種薯的頂部同時長出芽及根系時定植，注意不要折到。

輕度誘引

用繩子將鬚蔓稍微誘引至支架後，鬚蔓就會立刻卷繞而上。之後放任生長也會繼續往上攀爬。

發芽後不到一個月，高度已經超過身高

進行 2 次追肥

第1次為5月下旬。於畦的兩側挖出淺溝，每株倒入200㎖的發酵雞糞液肥3倍稀釋液。第2次為6月下旬，施撒相同的量。

珠芽的採收

栽培山藥還能順便收成從地上部長出的珠芽（零餘子）。薯蕷科的作物分別可從地薯、珠芽或種子繁殖。由掉落於地面的珠芽會長成雜草，盡量摘除加以活用。

收集的珠芽不論做成炊飯或油炸都很美味。

3 採收

當葉片變黃就可以開始挖掘，不過若等到地上部完全枯萎以及降霜後，山藥的味道會更美味。雖然挖掘是個勞力活，但是太粗魯的話容易使山藥折斷。這時候一定要仔細且慢慢的挖掘。

於植株外側20㎝的位置，用圓鍬垂直挖土。

找到山藥的位置後，再用棒子將周圍的土慢慢撥開。

一旦大意就會不小心折斷。保持耐心挖出完好的山藥吧

雖然需要體力，不過挖到大山藥的喜悅無法取代。

提升採收量的小技巧 ⑩

竹子的聰明活用術

茄子或小黃瓜的支架。搭設隧道棚時，支撐拱門狀的骨架材。這些在過去都是用竹子製作而成。
為如今不再被廣泛運用，甚至視為麻煩的竹子，再次注入生命吧。

竹子的優點

- **形狀筆直，具有極佳的彈性**
- **可以直接用，也能割開使用**
- **只要加熱就能彎曲加工**

過去竹子曾是不可或缺的材料。構造為筒狀，輕巧而且堅固。柔軟具有彈性，只要用柴刀縱向劈一下就能漂亮地劈開。而且只要生長2～3年就能達到最高的強度。然而現代卻越來越少使用竹子。我的農田附近有越來越多荒廢的竹林，最近甚至變成野豬的隱身之地。物盡其用主義的我，得到地主的許可後，將那些竹子砍下來當作田間的資材充分活用。加工方法非常簡單。如果用火的話，還能任意彎曲。只要好好保管，數年間都能重複使用，如果因為斷掉而無法再利用時，也可以燒成草木灰利用。如果有辦法拿到竹子的人，請一定要試看看。

只要加熱就能彎曲成想要的形狀

製作直角形隧道棚的支架。竹子割開後，用火燒想要彎曲成直角的位置。加熱直到表面變金黃色為止，注意不要燒焦。

竹子加熱後具有可塑性，可以緩慢出力加以彎曲。如果想要直接彎曲整根竹子時，可用鋸子於內側先鋸出一條切痕。

在彎曲的狀態下泡水。冷卻後就能固定形狀。加熱的部分冷卻後會變得更堅固，比較不會腐壞，因此若想讓整根竹子更耐用的話，可以整體都用火燒。

市售隧道棚支柱的形狀與大小都有一定的規格，若用竹子自製的話，不論哪種形狀或大小都能製作出來。

輕鬆割竹子的訣竅

竹子的特性是能筆直地割開。然而，若想要均等分割卻意外困難。訣竅就在於如何選用柴刀以及使用方法。首先，柴刀應選擇從正面看刀刃時左右對稱的類型，而不是左右不對稱的刀刃。接著就是如同俗話說「木元竹末※」一樣，不要從根基部，而是從上方（前端）入刀割開。

譯註※木元竹末：指加工木材或竹子時使用刀刃的順序。木頭應從基部入刀，而竹子應從竹梢入刀。

1 切斷竹子

用鋸子切開。竹子專用的鋸子用起來更順手。可根據需要使用的長度切斷。稍微削掉隆起的節，之後處理起來更方便。

2 從面的中央垂直割開

將刀刃垂直對準末梢側切口的正中央，用手心（太粗的話可用木棒）敲打使刀刃嵌入竹子內。竹子保持直立，用手壓著刀柄前端，利用自己的體重往下切。切成2等分後，接著再切成4等分。乾燥後會變得難以割開，應趁著竹子外皮仍是綠色的狀態加工。也要去除節部。

3 繼續分割

根據竹子的粗細或用途分成6等分或8等分。若感到刀刃偏離中心時，可稍微調整刀刃角度修正。

4 使上下寬度一致

就算筆直割開，上下的寬度還是會有差異。這時候可用刀刃削成一致的寬度。寬度不同的話，彎曲的時候也無法彎成漂亮的拱門狀。

加工完成

將直徑15cm左右的1根竹子，製作成16根支架。不使用支架的時期，務必要放在不會淋雨的位置保管。如果是要製作拱形的隧道棚，雖然可以在外皮綠色的狀態下保管，不過燒過火去除油脂還能增加耐用性，可使用5～6年。

10 年吊牌

竹子非常好削，而且表面光滑可寫字。在還沒有紙張的時代，經常被當作記錄用的材料。可將竹子割成短籤狀，用油性簽字筆書寫播種、定植或開花日以及品種等。只要不碰到土壤，邊削邊使用的話大約可持續10年之久。

方形隧道棚

和拱形隧道棚相較之下，方形隧道棚上方較平坦，覆蓋資材可以更廣泛地運用。也就是說，用來育苗或是植株高度較低的葉菜類保溫時，可設定更長的畦寬。

菜園的萬用尺

長度幾乎不會縮短的竹子，過去曾是測量的優質材料。以直線標註印記或數字，就是田間的萬用尺。畦寬、株距、畦間距離、植穴深度等，任何常用到的數字都可以寫在竹片上使用。

用竹子製作防禦野豬的覆蓋物

野豬的危害逐年變得嚴重。根據地區不同，有些家庭菜園甚至需要設置電柵欄，其實也有用竹子來防除的方法。就是在野豬最愛的地瓜田，用整根竹子覆蓋的竹子覆蓋物。竹子盡量選擇粗一點的類型，而且利用整根不需切斷。雖然非常重而且容易滑動，搬運不易，但只要設置於地瓜田間，就算是嗅覺靈敏的野豬也沒轍。

藉由竹子來遮光，防止雜草長出。由枝蔓長出的不定根無法存活，所以也不需要翻枝蔓。

就算咬住枝蔓拉扯，也因為有竹子保護而拉不出地瓜。對於猴子也很有用。

採收時只要解開固定繩，就能將竹子一根根拆除。

應於地瓜苗存活後再設置。

將竹子與苗株平行排列，遮蓋整個畦。長出莖的中間部分可留5㎝間隙，其他部分的竹子皆緊密相鄰。

竹子越粗越有鎮壓的效果。

圓形竹子很滑。知道無法翻起後，野豬就會放棄。

邊緣部分可打入樁於較深的位置，再用溫室用的固定繩確實地壓住竹子。野豬鼻子可抬起60kg的重物，所以外圍要確實固定。

TITLE

有機・無農藥　種菜研究室

STAFF

出版	瑞昇文化事業股份有限公司
作者	本多勝治
譯者	元子怡
總編輯	郭湘齡
責任編輯	張聿雯
文字編輯	徐承義
美術編輯	許菩真
排版	洪伊珊
製版	明宏彩色照相製版有限公司
印刷	桂林彩色印刷股份有限公司
法律顧問	立勤國際法律事務所　黃沛聲律師
戶名	瑞昇文化事業股份有限公司
劃撥帳號	19598343
地址	新北市中和區景平路464巷2弄1-4號
電話	(02)2945-3191
傳真	(02)2945-3190
網址	www.rising-books.com.tw
Mail	deepblue@rising-books.com.tw
初版日期	2023年3月
定價	400元

ORIGINAL JAPANESE EDITION STAFF

デザイン	西野直樹（コンボイン）
撮影	高橋 稔
イラスト	小田啓介、前橋康博
構成・文	かくまつとむ
校正	校正
ＤＴＰ制作	天龍社

國家圖書館出版品預行編目資料

有機.無農藥 種菜研究室 / 本多勝治作 ;
元子怡譯. -- 初版. -- 新北市 : 瑞昇文化
事業股份有限公司, 2023.03
　144面 ; 25.7x18.8公分
譯自 : 知識ゼロからの有機・無農藥の
家庭菜園
ISBN 978-986-401-614-3(平裝)

1.CST: 有機農業 2.CST: 耕作

430.13　　　　　　　112001412